数控综合实训

王　娜　施顺米　龚丽丽　主　编

电子科技大学出版社
University of Electronic Science and Technology of China Press
·成都·

图书在版编目（CIP）数据

数控综合实训 / 王娜，施顺米，龚丽丽主编. — 成都：成都电子科大出版社，2024.2
ISBN 978-7-5770-0757-1

Ⅰ. ①数… Ⅱ. ①王… ②施… ③龚… Ⅲ. ①数控机床—加工—中等专业学校—教材 Ⅳ. ①TG659

中国国家版本馆CIP数据核字(2023)第246390号

数控综合实训

SHUKONG ZONGHE SHIXUN

王　娜　施顺米　龚丽丽　主编

策划编辑　魏　彬　刘　凡
责任编辑　仲　谋
责任校对　魏　彬
责任印刷　梁　硕

出版发行　电子科技大学出版社
　　　　　成都市一环路东一段 159 号电子信息产业大厦九楼　邮编 610051
主　　页　www.uestcp.com.cn
服务电话　028-83203399
邮购电话　028-83201495

印　　刷　涿州汇美亿浓印刷有限公司
成品尺寸　185 mm×260 mm
印　　张　14.25
字　　数　310 千字
版　　次　2024 年 2 月第 1 版
印　　次　2024 年 2 月第 1 次印刷
书　　号　ISBN 978-7-5770-0757-1
定　　价　58.00 元

编委会成员

主编

王　娜　盘州市职业技术学校

施顺米　盘州市职业技术学校

龚丽丽　盘州市职业技术学校

主审

杨　超　盘州市职业技术学校

耿　磊　盘州市职业技术学校

副主编

王春丽　盘州市职业技术学校

肖　旭　盘州市职业技术学校

王春香　盘州市职业技术学校

李　平　盘州市职业技术学校

前言

本书遵循理论与实训一体化的教学模式组织编写，本着“实用与够用”的原则，围绕学生为主体、能力为本位、素质为基础的核心理念，根据企业数控加工技术职业岗位的实际需求，进行教材内容的选取，采用项目教学法，旨在突出培养应用型人才解决实际问题的能力。

本书以相应课程标准为基本依据，符合相关专业学生的特点，生动活泼、富有启发性和趣味性。为了满足学生的多样化需要，从基础到贴近实际生产，实现文字与插图、实验与练习相互配合，从而拓展学生的思维和知识面，强调自主学习与动手能力的培养。本书紧扣数控专业学生的实际需求，使学生能理解相关专业的内容，掌握其中的操作技能，达到中级技能水平，最终使他们能从事本专业的工作并达到相应工种的操作工技能水平，为学生适应职业岗位的变化和学习新的技能、技术打下基础。

在教学方面，建议采用多媒体、数控机床仿真加工实训与数控机床加工实训相结合的方式进行。参考学时为360学时，教师在组织教学时，可根据实际情况、教学计划和软硬件条件酌情增减学时。

本书在撰写过程中参阅了有关院校和科研单位的教材、资料与文献，在此向其编者表示衷心感谢！由于编者水平有限，书中难免存在不妥或错误之处，恳请读者批评、指正。

目　录

第一章　数控加工装备基础理论

第一节　数控机床的产生和发展

数控机床（numerical control machine tools）是通过数字代码形式的信息（程序指令）控制刀具按给定的工作程序、运动速度和轨迹进行自动加工的机床，简称数控机床。数控机床是在机械制造技术和控制技术的基础上发展起来的，其发展历程大致如下。

1948 年，美国帕森斯公司接受了美国空军委托，负责研制直升机螺旋桨叶片轮廓检验用样板的加工设备。由于样板形状复杂多样，精度要求高，一般的加工设备难以适应，于是研发人员提出了采用数字脉冲控制机床的想法。1949 年，该公司与美国麻省理工学院（MIT）开始共同研究，并在 1952 年试制成功第一台三坐标数控铣床，当时的数控装置采用了电子管元件。1959 年，数控装置采用了晶体管元件和印制电路板，出现了带自动换刀装置的数控机床，称为加工中心（MC），数控装置进入了第二代。1965 年，出现了第三代的集成电路数控装置，不仅体积小，功率消耗少，且可靠性提高，价格进一步下降，这推动了数控机床品种和产量的发展。20 世纪 60 年代末，先后出现了由一台计算机直接控制多台机床的直接数控系统（DNC），又称群控系统，以及采用小型计算机控制的计算机数控系统（CNC），标志着数控装置进入了以小型计算机化为特征的第四代。1974 年，使用微处理器和半导体存储器的微型计算机数控装置（MNC）研制成功，这是第五代数控系统。20 世纪 80 年代初，随着计算机软、硬件技术的发展，出现了能进行人机对话式自动编制程序的数控装置；数控装置愈趋小型化，可以直接安装在机床上；数控机床的自动化程度进一步提高，具备了自动监控刀具破损和自动检测工件等功能。20世纪90年代后期，出现了PC（个人计算机）+CNC智能数控系统，即以PC为控制系统的硬件部分，在PC上安装CNC软件系统，这种方式方便系统维护，易于实现网络化制造。

我国数控机床的研制始于1958年，由清华大学研制出了最早的样机。1966年第一台用于直线－圆弧插补的晶体管数控系统诞生了。1970年，北京第一机床厂的XK5040型数控升降台式铣床作为商品小批量生产并推向市场。但由于相关工业基础薄弱，尤其是数控系统的支撑工业——电子工业落后，导致在1970—1976年开发出的加工中心、数控镗床、数控磨床及数控钻床因系统不过关，大部分未能在生产中发挥作用。直到20世纪80年代前期，从日本引进FANUC数控技术后，我国的数控机床才真正进入小批量生产的商品化时代。

长期以来，国产数控机床始终处于低档迅速膨胀、中档进展缓慢、高档依赖进口的局面，特别是国家重点工程需要的关键设备主要依靠进口，技术受制于人。究其原因，本土数控机床企业大多处于“粗放型”阶段，在产品设计水平、质量、精度、性能等方面与国外先进水平相比存在一定差距；在高精尖技术方面的差距更大。同时我国在应用技术及技术集成方面的能力也还比较弱，相关的技术规范和标准的研究制定相对滞后，国产的数控机床尚未形成品牌效应。此外，我国的数控机床产业目前还缺少完善的技术培训、服务网络等支撑体系，市场营销能力不强，经营管理水平也不高。更重要的原因是缺乏自主创新能力，完全拥有自主知识产权的数控系统少之又少，制约了数控机床产业的发展。

国外公司在我国数控系统销量中的80%以上是普及型数控系统。如果我们能在普及型数控系统产品快速产业化上取得突破，我国数控系统产业就有望从根本上实现战略反击。同时，还要建立起比较完备的高档数控系统的自主创新体系，提高中国的自主设计、开发和成套生产能力，创建国产品牌，提升我国高档数控系统总体技术水平。

第二节　数控机床的组成与工作原理

一、数控机床的组成

数控机床是一种运用数字控制技术，按照预设程序进行加工运行的自动化设备。其种类繁多，一台完整的数控机床通常由机床机械部件、数控系统、伺服系统、位置反馈系统、输入装置及程序载体等构成，其外观形态、组成框图如图 1-1、图 1-2 所示。

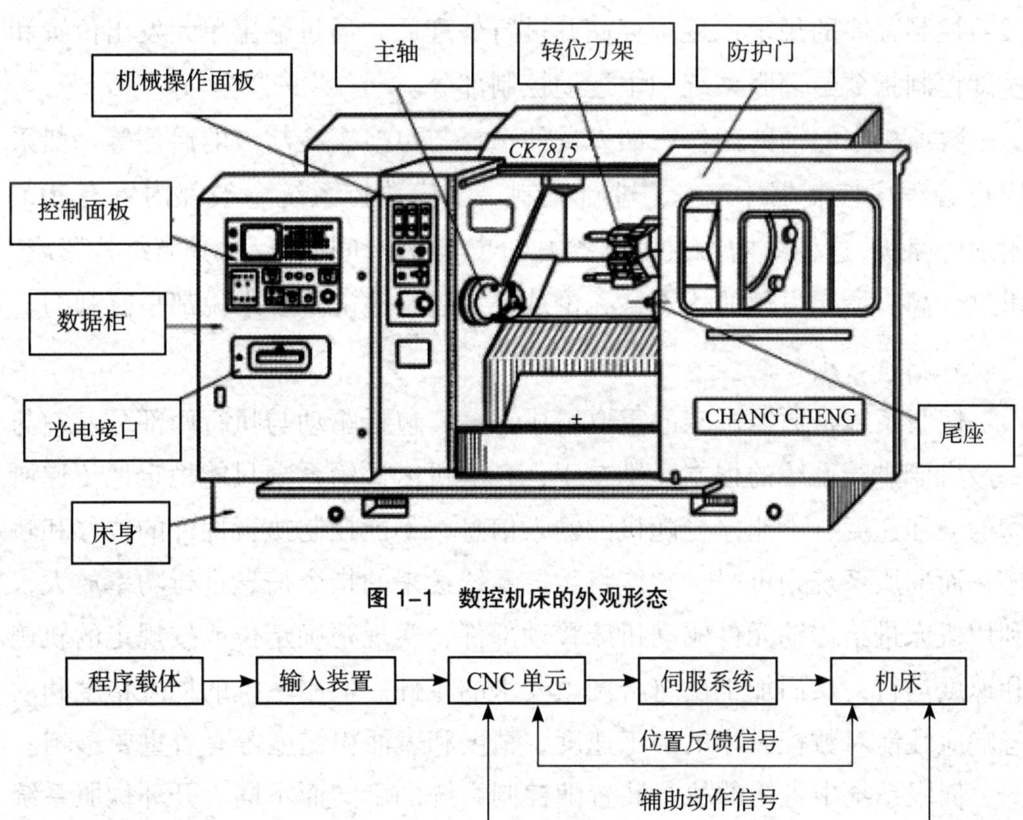

图 1–1　数控机床的外观形态

图 1–2　数控机床组成框图

1. 机床机械部件

机床机械部件主要分为机床主机与辅助装置两部分。

机床主机是用于完成各种切削加工运动的机械部分，主要包括支承部件（床身、立柱等）、主运动部件（主轴箱）、进给运动部件（工作滑台及刀架等）等。数控机床与普通机床相比，在结构上有很大的变化，普遍采用滚珠丝杠、滚动导轨等高效传动部件来提高传动效率。高性能的主轴及伺服传动系统使得机械传动结构明显简化，传动链大大缩短。

辅助装置包括液压系统、气动系统、润滑系统、冷却排屑系统以及刀具自动交换系统、托盘自动交换系统等。

2. 数控系统

数控系统是数控机床的控制核心，通常是一台通用或专用微型计算机。数控系统由信息的输入、处理和输出三部分组成。程序通过输入装置将加工信息传给数控系统，通过编译形成计算机能识别的信息，信息处理部分按照控制程序的规定，逐步存储并进行处理后，通过输出单元发出位置和速度控制指令给伺服系统和主运动控制部分。

数控机床的辅助动作，如刀具的选择与更换、冷却液的启停等一般采用可编程序控制器（PLC）进行控制。现代数控系统一般都内置有 PLC 附加电路板，这种结构形式可以省去CNC与PLC间的连线，具有结构紧凑、可靠性高、操作方便的优点，无论从技术还是经济角度来说都是有利的。

3. 伺服系统

伺服系统是数控机床的重要组成部分，包括驱动与执行两部分。它与一般机床进给系统的根本区别在于：一般机床进给系统只能稳定地传递所需的力和速度，不能接受随机的输入信息，不能控制执行部件的位移和轨迹；而伺服系统则可以，它能将数控系统送来的指令信息进行功率放大，利用机床进给传动元件驱动机床移动部件，实现精确定位或按规定的轨迹和速度运行，从而加工出符合图纸要求的零件。伺服系统的伺服精度和动态响应性能对数控机床的加工速度、精度和表面粗糙度等有着重要影响。

伺服系统中常用的执行装置随控制系统的不同而不同。开环伺服系统常用步进电机，闭环（半闭环）伺服系统常用脉宽调速直流电机和交流伺服电机。目前较为普及的是采用交流伺服电机。

4. 位置反馈系统

位置反馈通常分为伺服电机转角位移反馈（半闭环中间检测）和机床

末端执行机构位移反馈（闭环终端检测）两种。检测传感器（如光电编码器、光栅尺）将上述运动部分的角位移或有线位移转换成电信号，输入数控系统，与指令位置进行比较，并根据比较结果发出指令，以纠正所产生的误差。

5. 输入装置

输入装置的作用是将程序载体上的有关信息传递并存入数控系统。根据程序载体的不同，输入装置可以是光电阅读机、磁带机或软盘驱动器等。数控加工程序也可以通过键盘，用手工方式直接输入数控系统。现代数控系统一般还可以由编程计算机提供，甚至采用网络通信方式将数控加工程序传送到数控系统中。

6. 程序载体

程序载体也称为控制介质。数控机床是按照零件加工程序运行的，零件加工程序中包含了加工零件所需的全部操作信息、刀具相对工件的相对运动路径信息和工艺信息等，这些信息以代码的形式按规定的格式存储在一定的载体中。常用的信息载体有穿孔带、磁带、磁盘等。通过数控机床的输入装置，可将信息载体上的程序信息输入数控系统。

二、数控机床的工作原理

数控机床在加工零件时，会根据零件图样要求及加工工艺，将所用刀具、刀具运动轨迹与速度、主轴转速与旋转方向、冷却等参数，以规定的数控代码形式编制成程序，并输入数控系统中。数控系统接收并处理这些输入的程序后，会向机床各坐标的伺服系统及辅助装置发出指令，驱动机床各运动部件及辅助装置进行有序的操作，这样就能实现刀具与工件的相对运动，加工出符合要求的零件。图 1-3 粗略地展示了数控机床加工零件的工作过程。

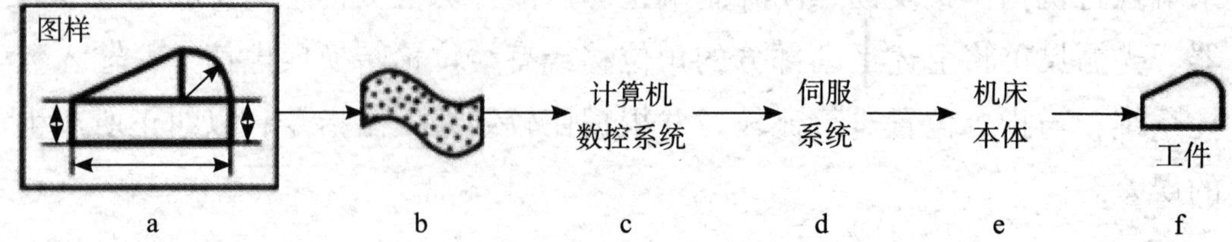

a—图纸与工艺文件；b—加工程序；c—数控系统；d—伺服系统；e—机床本体；f—加工后的零件。

图 1-3　数控加工工作过程

第三节　数控机床分类

数控机床品种繁多，通常将其按以下方法进行分类。

一、按工艺类型分类

（1）金属切削类数控机床，如数控车床、数控铣床、数控钻床、数控磨床及加工中心等。

（2）金属成形类数控机床，如数控冲床、数控折弯机、数控剪板机、数控弯管机等。

（3）数控特种加工机床，如数控线切割机床、数控电火花机床、数控激光切割机、数控等离子切割机等。

（4）其他数控机床，如数控三坐标测量机、数控快速成形机等。

二、按控制运动方式分类

1. 点位控制数控机床

点位控制数控机床的特点在于，其移动部件在某坐标平面内只能实现由一个位置到另一个位置的精确定位，在移动和定位过程中并不进行任何加工。机床的数控系统只负责控制行程终点的坐标值，而不控制点与点之间的运动轨迹，因此几个坐标轴之间的运动并无任何联系。可以几个坐标同时独立地向目标点运动，也可以依次移动各坐标。

点位控制数控机床主要包括数控坐标镗床、数控钻床、数控冲床、数控点焊机等。其主要性能指标是确保终点位置的精度，同时要求快速定位，以减少空行程的时间。图 1-4 为点位控制数控钻床的加工示意图。

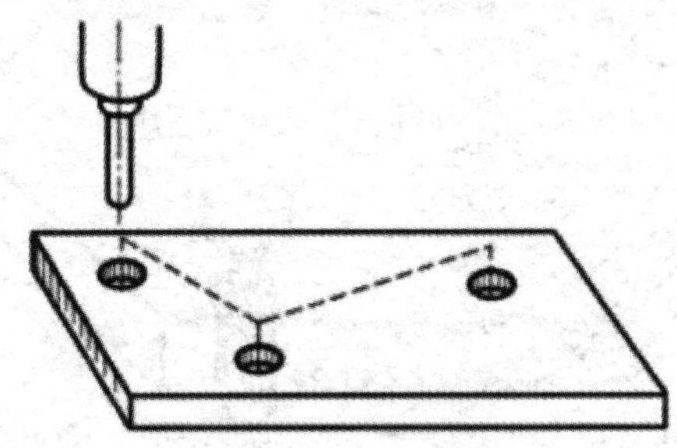

图 1–4　点位控制数控钻床加工示意图

2. 直线控制数控机床

直线控制数控机床的特点是，其移动部件不仅需要实现从一个位置到另一个位置的精确移动定位，还需要沿坐标轴平行方向以一定的速度进行直线切削加工（部分机床还可以进行 45° 斜线加工）。这类数控机床主要包括简易数控车床、数控镗铣床等。图 1-5 为车削直线控制切削加工示意图。

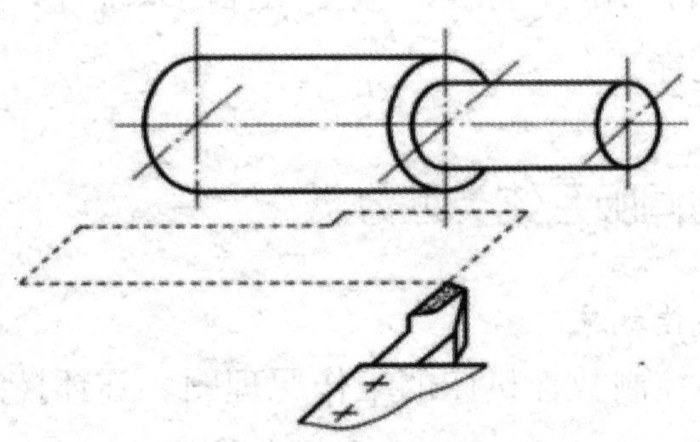

图 1–5　车削直线控制切削加工示意图

3. 轮廓控制数控机床

轮廓控制数控机床不仅能够完成点位和直线控制数控机床的加工功能，还能够对两个或更多坐标轴进行插补，因此具有各种轮廓切削加工功能。它不仅能控制机床移动部件的起点与终点坐标，还能控制整个加工轮廓每一点的速度与位移。图 1-6 为轮廓控制数控铣床加工示意图。

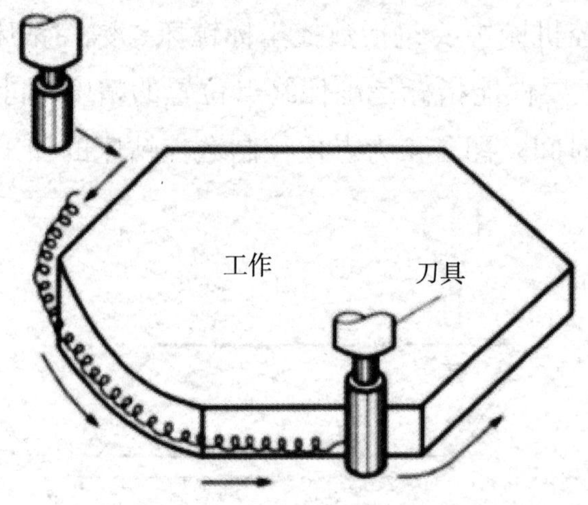

图 1-6　轮廓控制数控铣床加工示意图

通常数控车床、数控铣床、数控磨床都属于轮廓控制数控机床。此外，数控火焰切割机、电火花切割机、数控快速成形机等也采用轮廓控制系统。轮廓控制系统的结构要比点位和直线控制系统更为复杂，在加工过程中需要不断进行插补运算，并进行相应的速度与位移控制。

现代数控系统的控制功能一般由软件实现，增加轮廓控制功能并不带来硬件成本的增加。因此，除了少数专用控制系统外，现代数控系统通常都具备轮廓控制功能。

三、按驱动伺服系统类型分类

1. **开环控制数控机床**

图 1-7 为开环控制数控机床的工作原理图。开环控制数控机床的特点是其数控系统不带反馈装置,通常使用功率步进电动机作为伺服执行机构。数控系统输出的控制脉冲通过步进驱动电路，不断改变步进电动机的供电状态，使步进电动机转过相应的步距角，必要时通过齿轮减速后带动丝杆旋转，再通过丝杆螺母机构转换为移动部件的直线位移。移动部件的移动速度与位移量由输入脉冲的频率和脉冲数量决定。

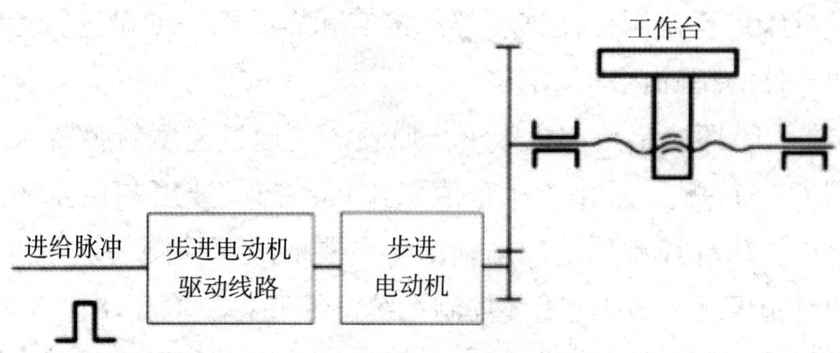

图 1–7　开环控制数控机床工作原理图

开环控制系统结构简单，成本较低，但是系统不对移动部件的实际位移量进行检测，不能进行误差校正。因此，步进电机的丢步、步距角误差、齿轮与丝杆副等的传动误差都将影响被加工零件的精度。所以，开环控制系统仅适用于对加工精度要求不高的中小型数控机床。

2. 半闭环控制数控机床

半闭环控制数控机床的特点是在伺服电机轴或机床传动丝杆上安装了角度检测装置（如光电编码器等），通过检测丝杆等的转角间接地反映移动部件的实际位移，然后将这些信息反馈到数控系统中进行比较，并对误差进行修正。半闭环控制系统调试较为方便，且稳定性好。目前，大多数机床将角度检测装置和伺服电机设计成一体，使结构更加紧凑。

图 1-8 为半闭环控制数控机床工作原理图。通过速度传感器 A 和角度传感器 B 进行测量，将测量值与命令值相比较，构成速度与位置控制环。

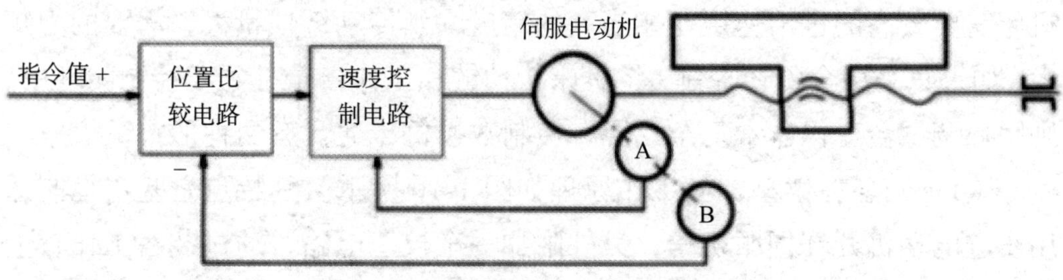

图 1–8　半闭环控制数控机床工作原理图

3. 闭环控制数控机床

闭环控制数控机床的特点是在机床末端运动部件上直接安装位置检测装置，将测量的实际位置值反馈到数控装置中，与输入指令值进行比较，用差值对机床进行控制，使移动部件按实际需要的运动量进行运动，最终实现运动部件的精确运动和定位。

图 1-9 为闭环控制数控机床工作原理图。通过速度传感器 A 和直线位移传感器 C 进行测量，并与命令值相比较，构成速度与位置闭环控制。从理论上讲，闭环控制系统的运动精度主要取决于检测装置的检测精度，而与传动链精度无关,因此闭环控制系统的控制精度高于半闭环控制系统。但实际上闭环控制系统的工作特点对机床结构以及传动链仍然有较严格的要求，传动系统的刚性不足、间隙的存在、导轨摩擦引起的爬行等因素将给调试带来困难，甚至使数控机床伺服系统在工作时产生振荡。

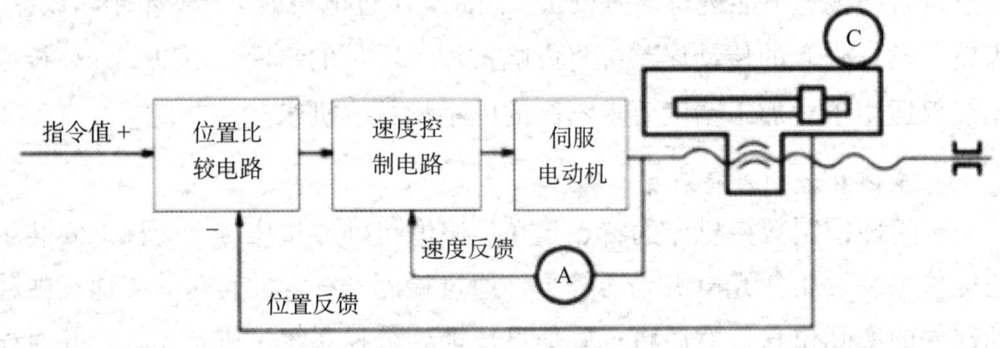

图 1–9　闭环控制数控机床工作原理图

4. 混合控制数控机床

将以上三类数控机床的特点结合起来，就形成了混合控制数控机床。混合控制数控机床特别适用于大型或重型数控机床。因为大型或重型数控机床需要较高的进给速度与相当高的精度，其传动链惯量大，需要的力矩大，如果只采用全闭环控制，将机床传动链和工作台全部置于控制闭环中，则闭环调试会变得非常复杂。混合控制数控机床通常有两种形式。

（1）开环补偿型，其工作原理如图 1-10 所示。其特点是基本控制选用步进电动机开环伺服机构，另外附加一个校正电路，通过装在工作台上的直线位移测量元件的反馈信号校正机械系统的误差。

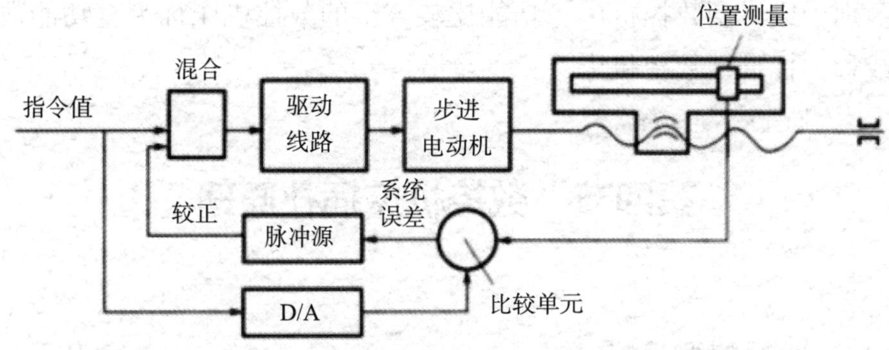

图 1–10 开环补偿型混合控制数控机床工作原理图

（2）半闭环补偿型，其工作原理如图 1-11 所示。其特点是用半闭环控制方式取得高速度控制，再用装在工作台上的直线位移测量元件实现全闭环修正，以获得高速度与高精度的统一。其中 A 是速度测量元件，B 是角度测量元件，C 是直线位移测量元件。

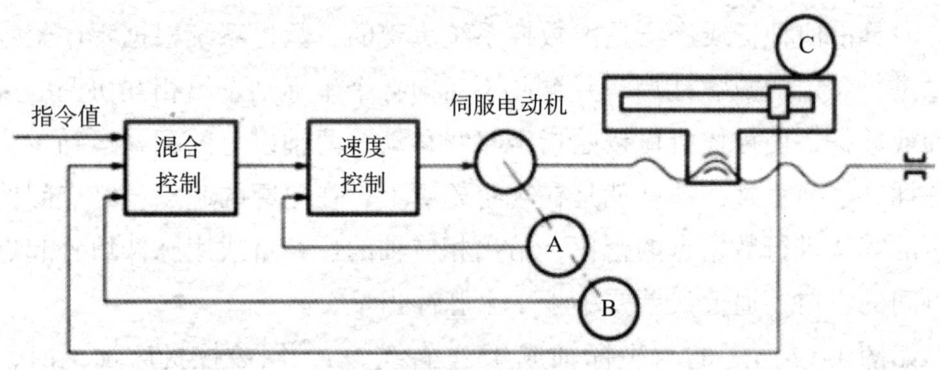

图 1–11 半闭环补偿型混合控制数控机床工作原理图

四、按功能水平分类

按数控机床的功能水平，可以将数控机床分为经济型与标准型两类。这种分类方法，目前在我国使用得较多，但没有一个明确的界定。

经济型数控机床是相对于标准型数控机床而言的。其特点在于根据实际使用要求，合理地简化系统，并降低价格。目前在我国，通常把使用由单板机、单片机和步进电机组成的系统的数控机床称为经济型数控机床。此类机床主要应用于中小型数控车床、线切割机床以及普通机床改造等领域，属于低档数控机床的一种，目前在我国有一定的生产批量和市场占有率。

区别于经济型数控机床，功能比较齐全的数控机床称为全功能数控机床，或称为标准型数控机床。

第四节　数控机床插补原理

一、插补的概念

在数控机床中，刀具是一步一步移动的。刀具移动一步的距离叫脉冲当量，它是刀具所能移动的最小距离。从理论上讲，刀具的运动轨迹是折线，而非光滑曲线。因此，刀具无法严格按照所加工的轮廓运动，只能用折线近似地代替所加工的轮廓。

刀具沿何种折线进给是由数控系统决定的，数控系统根据程序给定的信息进行预定的数学计算，并据此不断向各个坐标轴发出相互协调的进给脉冲或数据，使被控机械按照指定路线移动（两轴以上的配合运动），这就是插补。换言之，插补就是在规定轮廓上，在轮廓的起点与终点间按照一定的算法进行数据点的密化，给出相应轴的位移量或用脉冲填补起点与终点间的空白（逼近误差要小于 1 个脉冲当量）。

如图 1-12 所示的与坐标轴成 45° 斜线 *OA*，用数控机床加工时，可以让刀具沿图中的实折线进给，即先让刀具沿 *X* 轴走一步，再让刀具沿 *Y* 轴走一步，直至终点 A。也可让刀具沿途中虚线顺序进给，直至终点。

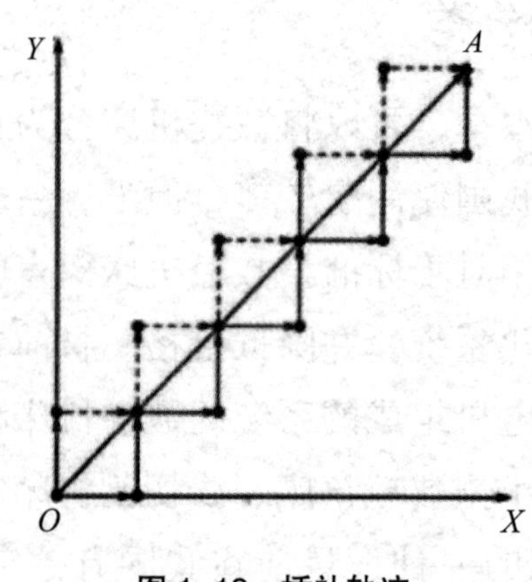

图 1-12　插补轨迹

二、插补方法分类

根据输出信号的方式，插补方法可分为脉冲插补法和增量插补法。前者在插补计算后输出的是脉冲序列，如逐点比较法和数字积分法；后者输出的是数据增量，如数据采样法。也可根据被插补曲线的形式，将插补方法分为直线插补法、圆弧插补法、抛物线插补法、高次向线插补法等。多数数控系统只有直线插补、圆弧插补功能，当实际加工零件轮廓既不是直线也不是圆弧时，可对零件轮廓进行直线－圆弧拟合，即用多段直线或圆弧近似地代替零件轮廓进行加工。

在数控系统中，负责完成插补工作的装置称为插补器。早期的数控系统采用硬件插补器，这类系统被称为硬件数控（NC）系统。而如果插补功能由计算机软件（程序）来实现的话，则被称作软件数控（CNC）系统。目前，大多数数控系统都是 CNC 系统。

无论是 NC 还是 CNC，它们的插补运算原理基本上是一致的，但也有各自的特点。CNC 系统与 NC 系统的根本区别在于 CNC 采用了软件插补，可以更好地进行数学处理。如在指令系统和必要的算术子程序的支持下，系统既可对输入的命令与数据进行预处理，使之成为插补运算最直接和最方便的形式；又能方便地采用一些需要较多数学运算的方法，如多种二次曲线、高次曲线的插补方法等；还能够对两种可能的进给方向进行误差试算，选择误差较小的方向进行进给，从而提高插补精度。这些都需要较多的运算步骤，若用硬件来实现将会显著增加成本。此外，软件插补容易进行机能的扩展，也利于调试。

三、逐点比较法插补

逐点比较法插补的特点在于区域判别，每走一步都需要将加工点的瞬时坐标与给定的图形轨迹进行比较，以确定实际加工点在给定轨迹中的位置，从而决定下一步的走向。如果加工点位于图形的外部，下一步就要向图形里面走；如果加工点位于图形内部，则下一步就要向图形外面移动。走向总是向着逼近给定图形轨迹的方向，以便缩小偏差。每次只在一个坐标轴上进行插补进给。如此每走一步计算一次偏差，比较一次，决定下一步走向，直到终点。

逐点比较法通过阶梯折线来逼近直线或圆弧，可以得到接近给定图形的轨迹，其最大偏差不超过一个脉冲当量。因此，只要将脉冲当量设置得足够小，就可以达到相应的加工精度。

在逐点比较法中，每进给一步需要经历 4 个节拍，其流程如图 1-13 所示。

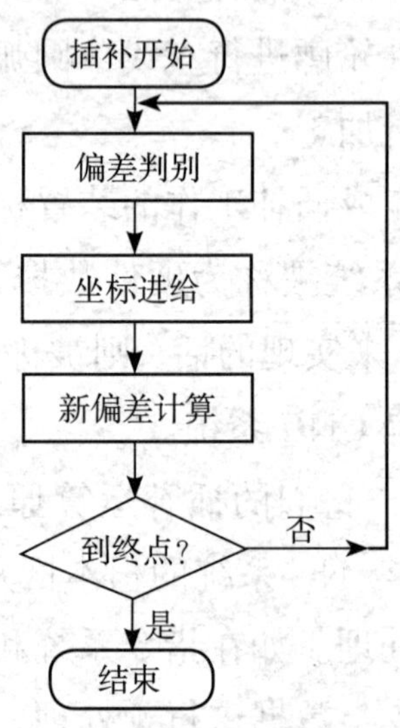

图 1–13　逐点比较法流程图

（1）偏差判别。判别偏差符号，确定加工点是在给定图形的外部还是内部，从而确定哪个坐标需要进给，以及如何进行偏差计算。

（2）坐标进给。根据偏差情况，控制 x 坐标或 y 坐标进给一步，使加工点靠近给定图形轨迹，缩小偏差。

（3）新偏差计算。进给一步后，计算加工点与给定图形之间的新偏差，作为下一步偏差判别的依据。

（4）终点判别。根据进给一步后的结果，比较判断是否已达到终点。如已到达终点，则停止插补工作，否则继续进行插补工作循环。

第二章　数控加工工艺基础

第一节　数控加工工艺概述

数控加工工艺，是指在使用数控机床加工零件时所采用的各种方法和技术手段的总和。它是伴随着数控机床的发展和完善而逐渐形成的一种应用技术，是大量数控加工实践经验的总结。

数控加工工艺过程是在数控机床上利用切削工具直接改变工件的形状、尺寸和表面状态等，使其成为成品或半成品的过程，大致如图 2-1 所示。通常先根据工程图纸和工艺计划等确定几何、工艺参数，进行数控编程，然后将数控加工程序记录在控制介质上，传递给数控装置，经数控装置处理后控制伺服装置输出执行，实现刀具与工件间的相对成形运动及其他相关辅助运动，完成工件加工。

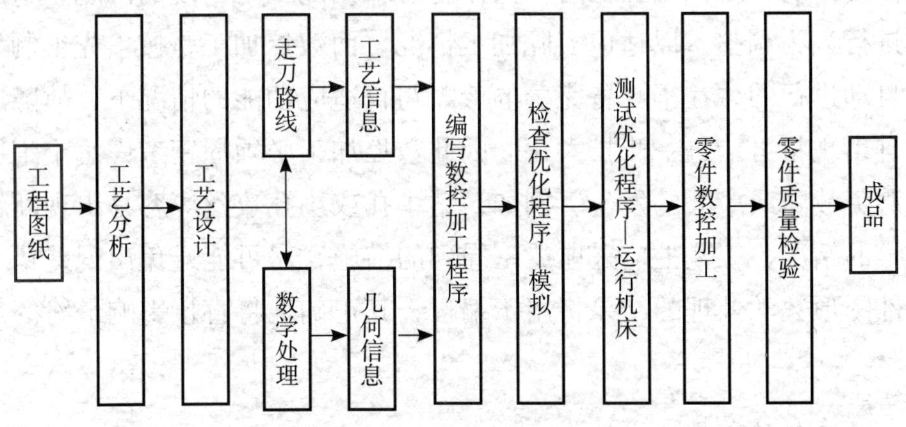

图 2-1　数控加工工艺过程

在数控机床上加工零件，首先要考虑的是工艺问题。虽然数控机床加工工艺与普通机床加工工艺大体相同，但是数控机床加工的零件通常相对普通机床加工的零件要复杂得多，并且数控机床具备一些普通机床所不具备的功能。为了充分发挥数控机床的优势，必须熟悉其性能、掌握其特点及使用方法，在此基础上正确地制订加工工艺方案，进行工艺设计与优化，然后再着手编程。

数控加工与传统加工在许多方面遵循的原则基本上是一致的，但数控加工具有自动化程度高、控制功能强、设备费用高等一系列特点，因此也就相应形成了数控加工工艺的自身特点。

1. **工艺内容十分具体**

在传统通用机床上进行单件小批量加工时，一些具体的工艺问题，如工序中各工步的划分安排，刀具的形状、材料，走刀路线，切削用量等，在很大程度上是由操作工人根据自己的经验习惯自行考虑确定的，一般无须工艺人员在设计工艺规程时进行过多的规定。然而在数控加工时，上述这些具体的工艺问题，不仅成为数控工艺设计时必须考虑的内容，还必须做出正确的选择并体现在加工程序中。也就是说，在传统加工中由操作工人灵活掌握，并可适时调整的许多具体工艺问题和细节，在数控加工时就转变成编程人员必须事先设计和安排的内容。

2. **工作十分严密**

在用传统通用机床加工时，操作者可根据加工中出现的问题，适时灵活地进行人为调整，以适应实际加工情况。而数控加工是按事先编制好的程序自动进行的，在不具备完善的诊断与自适应功能的情况下，故障或事故一旦出现将可能进一步扩大化。因此数控加工必须周密考虑每个细微环节，避免故障或事故的发生。例如，钻小孔或小孔攻丝等容易出现断钻或断丝锥的情况，工艺上应采取严密周到的措施，尽可能避免出现差错。又如零件图形数学处理的结果将用于编程，其正确性将直接影响最终的加工结果。

3. **工序相对集中**

数控机床通常载有刀库（加工中心）或动力刀架（车削中心）等，甚至具有立 / 卧主轴（或主轴能实现立 / 卧转换），以及多工位工作台或交换工作台等，可以完成自动换刀和刀具（或工件）的自动变位等，从而实现工序复合。在一台机床上即可完成不同加工面的铣、钻、扩、攻丝等，实现工序的高度集中，从而缩短加工工艺路线和生产周期，减少加工设备、工装和工件运输工作量。

4. 采用轨迹法

数控车床具有多轴联动插补功能，因此对于零件上的一些成形面或锥面，一般不采用成形刀具进行加工，而是采用轨迹成形加工的方法，通过按零件轮廓编制的程序控制刀具沿轨迹走刀而成。这样不仅省去了画线、制作样板、靠模等工作，提高了生产效率，还简化了刀具，避免了成形刀宽刃切削容易振动等问题，进一步提高了加工质量。

5. 采用先进高效的工艺装备

为了满足数控加工高质量、高效率、自动化、柔性化等要求，数控加工中广泛采用各种先进的数控刀具、夹具和测量装备等。

作为一个编程人员，不仅需要多方面的知识基础，而且还必须具有耐心严谨的工作作风。编制零件加工程序要综合应用各方面知识，全面周到地考虑零件加工的全过程，正确合理地确定零件加工程序。可以说，一个合格的程序员首先应该是一个优秀的工艺员。

第二节　数控加工工艺分析

数控机床有一系列的优点，但就目前来说价格还是相对较贵，加上消耗大，维护费用高，导致加工成本较高。因此，必须对零件图纸进行详细的工艺分析，确定那些适合并需要进行数控加工的内容和工序。在进行数控加工工艺分析时，应根据数控加工的基本工艺特点、数控机床的功能和实际工作经验，把工作做得细致、扎实，以便为后续工作铺平道路。

一、根据数控加工的特点确定零件数控加工的内容

从技术和经济等角度出发，对于某个零件来说，并非全部加工工艺过程都适合在数控机床上进行，而往往只选择其中一部分内容采用数控加工。

因此，必须对零件图纸进行详细的工艺分析，选择那些适合且需要进行数控加工的内容和工序。工作中应注意结合本单位实际和社会协作情况，立足于解决难题和提高生产率，充分发挥数控加工的优势。一般按下列优先级顺序考虑选择。

（1）普通通用机床无法加工的内容优先。

（2）普通通用机床加工困难、质量难以保证的内容作为重点。

（3）普通通用机床加工效率低、劳动强度大的内容作为平衡。

上述这些加工内容采用数控加工后，在产品质量、生产效率及综合经济效益等方面一般都会得到明显提高。

相比之下，下列加工内容则不宜采用数控加工。

（1）需要较长时间占机调整的加工内容，如以毛坯采用划线定位装夹来加工的工序。

（2）必须按专用工装协调的孔及其他加工内容。

（3）不能在一次安装中加工完成的其他零星部位。

需要指出的是，在选择确定加工内容时，还要综合考虑生产批量、生产周期，以及工序间周转情况等因素，尽量做到合理安排，以充分发挥数控机床的优势，从而达到多、快、好、省的目标。

二、数控加工零件结构工艺性分析

零件结构工艺性是指在满足使用要求的前提下零件加工的可行性和经济性，即所设计的零件结构应便于加工成形并且成本低、效率高。对零件进行数控加工结构工艺性分析时要充分考虑数控加工的特点，过去用普通设备加工工艺性很差的结构，改用数控设备加工后，其结构工艺性则可能不再是问题，比如现代产品零件中大量使用的圆弧结构、微小结构等。

夹具设计中经常使用的定位销，传统设计普遍采用如图 2-2（a）所示的锥形销头部结构，而国外现在则普遍采用如图 2-2（b）所示的球形销头部结构。从使用效果来看，球形头对工件的划伤要比锥形头小得多。但在工艺上，采用传统加工工艺加工球形头比较麻烦，而用数控车削加工则轻而易举。再比如倒角要素，传统设计一般均为直线形式；而国外因大量使用数控机床加工，传统的直线倒角演变成了相切圆倒角形式。

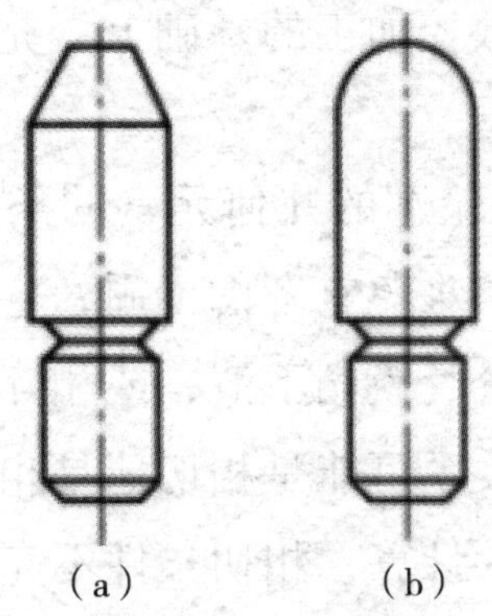

图 2–2　定位销结构

(a) 锥形销头；(b) 球形销头

数控加工技术在制造领域的应用为产品结构设计提供了广阔的舞台，甚至对传统工程标准提出了挑战。传统的串行工作产品开发方式对图纸的工艺性分析与审查，是在零件图纸设计和毛坯设计完成以后进行的，此时零件设计已经定型，倘若在设计时没有考虑到数控加工工艺特点，而在加工前又要求再根据数控加工工艺特点对图纸或毛坯进行较大更改（特别是要把原来采用普通通用机床加工的零件改为数控加工的情况下），有时就会比较困难。若采用并行工作产品开发方式，即在零件图纸和毛坯图纸初步设计阶段便进行工艺性审查与分析，通过工艺人员与设计人员密切合作，为了使产品更符合数控加工工艺的特点和要求，应尽可能采用适合数控加工的结构，则可充分发挥数控加工的优越性。

数控加工工艺性分析涵盖面广泛，在此我们将仅从数控加工的可能性、方便性和精度三个方面进行考虑。

（1）零件图纸中的尺寸标注是否适应数控加工的特点。数控加工倾向于使用同一基准进行尺寸标注或直接给出坐标尺寸，这就是坐标标注法。这种标注法既便于编程，也便于尺寸之间的相互协调，在保证设计、定位、检测基准与编程原点设置的一致性方面带来很大方便。由于零件设计人员往往在尺寸标注中较多地考虑装配等使用特性要求，而不得不采取局部分散的标注方法，这样会给工序安排与数控加工带来诸多不便。事实上，由于数控加工精度及重复定位精度都很高，不会因产生较大的积累误差而破坏使用特性，因此将局部的分散标注法改为集中标注或坐标式尺寸标注是完全可行的。目前，国外的产品零件设计尺寸标注绝大部分采用坐标标注法，这是他们在基本普及数控加工的基础上，充分考虑数控加工特点所采取的一种设计原则。

（2）零件图纸中构成轮廓的几何元素的条件是否充分、正确。由于零件设计人员在设计过程中难免有考虑不周，生产中可能会遇到构成零件轮廓的几何元素条件不充分、模糊不清，或相互矛盾的情况。例如圆弧与直线、圆弧与圆弧的连接关系可能是相切还是相交，有些图纸虽然画成相切，但根据图纸给出的尺寸计算，相切条件不充分或条件多余而变为相交或相向状态，使得编程工作无从下手。有时，所给条件过于苛刻或自相矛盾，增加了数学处理（如基点计算）的难度。因为在直接编程时要计算出每一个节点坐标，而计算机辅助编程要对构成轮廓的所有几何元素进行定义，无论哪一点不明确或不确定，编程都无法进行。所以，在审查与分析图纸时，一定要仔细认真，发现问题及时与设计人员沟通解决。

（3）审查与分析零件结构的合理性。零件内腔（包括孔）和外形的一些局部结构在满足使用要求的前提下，最好采用统一的几何类型和尺寸，以减少刀具规格和换刀次数，简化编程，提高加工效率。

如图 2-3（a）所示的零件，其上的三个退刀槽设计成了三种不同的宽度，需要用三把不同宽度的割刀分别对应加工，或者按照最窄的槽选择割刀宽度，在加工宽槽时分几次切出。这种情况如果不是设计的特殊需要，显然是不合理的。若改成图 2-3（b）所示的结构，只需一把刀即可分别切出三个槽。这样既减少了刀具数量，节省了刀架工位，又节省了换刀时间和切削时间。

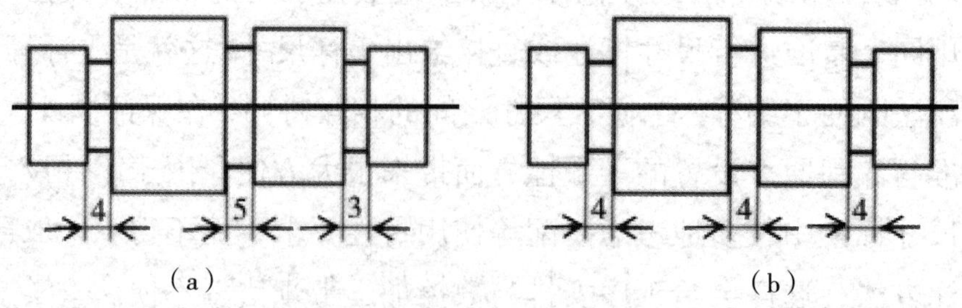

图 2-3　零件结构工艺性示例 1

（a）不同宽度槽；（b）相同宽度槽

内槽圆角的尺寸决定了可使用的加工刀具的直径，因此内槽圆角半径不能过小。如图 2-4 所示，零件加工工艺性的好坏与被加工工件轮廓的高低、转接圆弧半径的大小等有关。图 2-4（b）与图 2-4（a）相比，转接圆弧半径相对大些，因此，可以采用直径较大的铣刀来进行铣削加工；从底平面加工考虑，采用较大的刀具直径，刀间距可以加大，走刀次数相应减少，表面质量也会有所提高，所以工艺性较好。对于此类结构，通常认为当 $R < 0.2H$ 时，工艺性就不够理想。

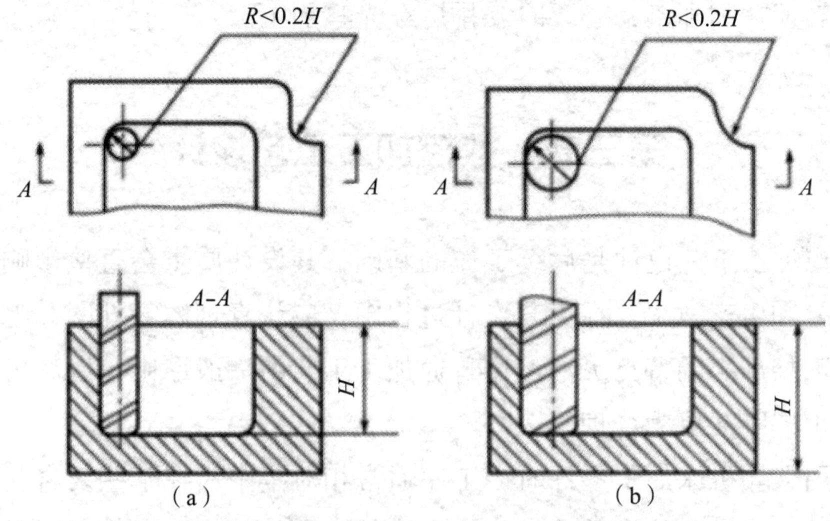

图 2–4　零件结构工艺性示例 2

（a）小转接圆弧；（b）大转接圆弧

零件底平面铣削时，槽底圆角半径 R 不应过大。如图 2-4 所示，槽底圆角半径越大，铣刀端刃铣削平面的能力就越差，效率也就越低。当 R 大到一定程度时，甚至需要采用球头刀进行加工，应尽量避免这种情况。因为铣刀与铣削平面接触的最大直径为 $D–2R$（D 为铣刀直径）。当铣刀直径 D 一定时，R 越大，铣刀端刃铣削平面的宽度就越小，加工表面的能力就越差，工艺性也就越差。

（4）精度和技术要求分析。对被加工零件的精度及技术要求进行分析，是零件工艺性分析的重要内容之一，只有在分析零件尺寸精度、形位公差精度和表面粗糙度的基础上，才能正确合理地选择加工方法、装夹方式、刀具及切削用量等。

精度及技术要求分析的主要内容如下。

①分析零件精度及各项技术要求是否齐全且合理；

②评估本工序的数控加工精度能否达到图纸要求，若无法达到，需采取其他措施进行弥补，则应为后续工序预留适当的余量；

③找出图样上具有位置精度要求的表面，这些表面应在一次安装下尽可能完成加工；

④对表面粗糙度有较高要求的表面，应仔细规划并尽量采用恒线速度切削或高速切削加工，必要时安排后续光整加工。

第三节　数控加工工艺设计

数控加工工艺设计是后续工作的基础，其设计质量会直接影响零件的加工质量和生产效率。在工艺设计过程中，应认真理解零件图和毛坯图，并结合数控加工的特点灵活运用普通加工工艺的一般原则，以尽可能使数控加工工艺路线更为合理。

使用数控机床加工零件时，工序通常相对集中，在某些复合化数控机床上，甚至可以在一台数控机床上完成整个零件的加工工作。通常在一次安装中，不允许先将零件某一部分表面加工完毕后，再加工零件的其他表面，而是应先切除整个零件各加工面的大部分余量，再将其他表面精加工一遍。对于刚性较差的工件，中间可能需要安排计划暂停以便调整夹紧力等，最终确保加工精度和表面粗糙度的要求。

一、加工顺序的安排

加工顺序安排应根据加工零件结构、毛坯状况及定位夹紧需要来考虑，重点保证定位夹紧、加工时工件的刚性和加工精度。一般应遵循下列原则。

1. 基面先行原则

安排加工顺序时，首先要加工的表面应该是作为后续工序基准使用的表面，以便后续工序以该基准面定位，加工其他表面。

2. 先主后次原则

零件上的加工表面，通常分为主要表面和次要表面两大类。主要表面通常是指尺寸、位置精度要求较高的基准面与工作表面；次要表面则是指那些要求较低，对零件整个工艺过程影响较小的辅助表面，如镗槽、螺孔、紧固小孔等。这些次要表面与主要表面有一定的位置精度要求。一般先对主要表面进行预加工，再以主要表面定位加工次要表面。对于整个工艺过程而言，次要表面加工安排在主要表面最终精加工前进行。

3. 先粗后精原则

按照各表面统一粗加工、精加工的顺序进行加工，逐步提高加工精度。粗加工应在较短的时间内将工件各表面上的大部分加工余量切掉，而不是把零件的某个表面粗、精加工完毕后再加工其他的表面。粗加工时一方面要提高金属切除率，另一方面要满足后续精加工的要求。精加工要保证加工精度，按图样尺寸，尽可能一刀切出零件轮廓。

4. 先面后孔原则

对既有平面又有孔的零件，应先加工平面再加工孔，这样有利于提高孔的加工位置精度，并避免孔口毛刺的产生。

5. 保证刚性原则

在同一次安装中进行的多个工步，应先安排对工件刚性破坏较小的工步，以保证工件加工时的刚度要求，即一般先加工离夹紧部位较远的或在后续工序中不受力（或受力小）的部位，本身刚性差又在后续工序中受力的部位安排在后面加工。

6. 先近后远原则

这里所说的远与近是就加工部位相对起刀点的距离而言的。在一般情况下，离起刀点远的部位后加工，以便缩短刀具移动距离，减少空行程时间。先近后远一般还有利于保持坯件或半成品的刚性，改善其切削条件。

图 2-5 所示的零件，如果按直径大小次序安排车削，不但会增加刀具返回所需的空行程时间，而且一开始就削弱了工件的刚性，还可能使台阶的外直角处产生毛刺（飞边）。对这类直径相差不大，而且自身刚性较差的台阶轴，粗加工宜从右端开始按图中 1、2、3 顺序逐段安排车削。

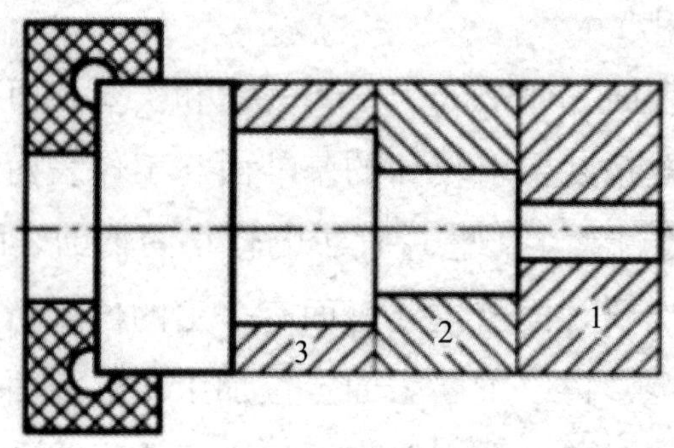

图 2-5 先近后远与保证刚性示例

7. 相同连续原则

以相同定位夹紧方式或同一把刀具加工的内容最好连接进行，以减少重复定位次数（对有色金属零件尤其重要），减少换刀次数与挪动夹紧元件次数。

二、零件加工方案与机床类型选择

1. 旋转体类零件的加工

这类零件采用数控车床或数控磨床进行加工。通常车削零件毛坯多为棒料或锻坯，加工余量较大且不均匀，编程时，粗车的加工路线往往是需考虑的主要问题。

图 2-6 所示为一手柄，其轮廓包含三段圆弧。毛坯采用棒料，直径按最大尺寸留适当余量。可以采用相应编程技术，按零件轮廓圆弧逐层等距内缩的方法进行加工，但在大直径位置会有较多的空刀行程，造成较多的时间浪费。较好的方法是先按直线轮廓削去主要加工余量，再用圆弧程序进行半精加工和精加工。

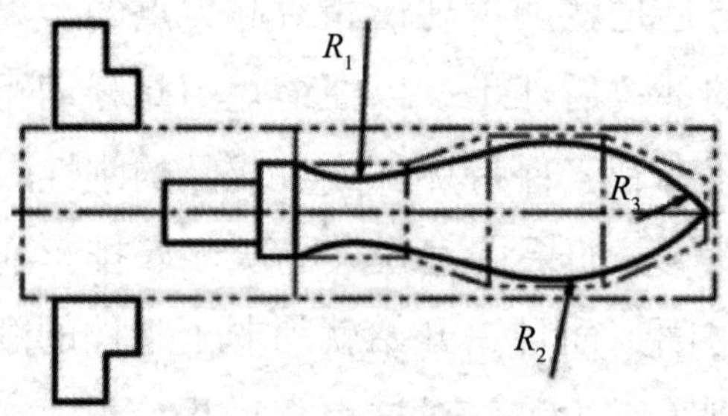

图 2-6 旋转体零件加工

2. 孔系零件加工

孔系零件一般采用钻、镗等工艺，其尺寸精度主要由刀具保证，而位置精度主要由机床或夹具导向保证。数控机床一般不采用夹具导向进行孔系加工，而是直接依靠数控机床的坐标控制功能满足孔的位置精度要求。这类零件通常采用数控钻、镗、铣类机床或加工中心进行加工。从功能上讲，数控铣床或加工中心覆盖了数控钻、镗床，而用于机械行业的纯金属切削类数控钻床作为商业化产品几乎没有市场生存空间。目前，对于一般单工序的简单孔系，通常采用数控铣或数控镗床进行加工；而对于复合工序的复杂孔系，一般采用加工中心，在一次装夹下，通过自动换刀依次进行加工。

3. 平面或曲面轮廓零件的加工

这类零件需要两坐标联动或三坐标联动插补才能进行加工，通常在数控铣床或加工中心上进行。现代数控铣床类系统一般都具备三轴插补功能。对于复杂曲面的加工往往还要增加控制轴才能进行，图 2-7 所示的叶轮属于此类。

4. 曲面型腔零件的加工

一些模具型腔类零件（图 2-8）表面复杂且不规则，对表面质量及尺寸精度要求较高。当零件材料硬度不高时（如期料模和橡胶模），通常采用数控铣床进行加工。当零件材料硬度很高时（如锻模），在淬火前进行粗铣，留一定余量在淬火后以电火花成形机加工。随着数控机床技术的发展和高速铣削技术的推广，高硬度模具的加工已经逐步由高速铣削加工来实现，即在淬火前进行粗铣，淬火后进行高速精铣，从而不仅使得模具加工精度高、效率高、周期短，而且模具工作寿命有较大程度的延长。

图 2–7　叶轮

图 2–8　注塑模零件

5. 板材零件加工

该类零件可根据其形状，考虑采用数控剪板机、数控板料折弯机或数控冲压机进行加工。传统冲压工艺是用模具反映工件形状的，模具结构复杂、易磨损、价格高、准备周期长。采用数控冲压技术，能使加工过程按程序要求自动进行，采用小模具冲压加工形状复杂的大工件，并能一次装夹集中完成多工序加工。利用软件排样，既利于保证加工精度，又可获得较高的材料利用率。因此，采用数控板材冲压技术，可以节省模具、原材料，提高生产效率，缩短生产周期，特别在工件形状复杂、精度要求高、生产批量小、品种多、频繁换型的情况下，更能显示出其良好的技术经济效益。

6. 曲面贯通轮廓零件的加工

此类零件的特点为轮廓贯通，可选择数控电火花线切割机进行加工。这种加工方法除工件内角处最小半径由金属电极丝限制外，任何复杂的内、外侧形状，只要是导体或半导体材料，无论硬度高低都可以加工，且加工余量少，加工精度高。目前，较先进的慢走丝线切割机加工尺寸精度一般可以达到微米级，表面粗糙度 $R_a < 0.8\,\mu m$。

三、定位夹紧方案的确定与夹具选择

1. 定位基准与夹紧方案的确定

（1）基准统一原则。

对于加工过程中的各道不同工序，在满足加工精度要求的前提下，尽量采用统一的定位基准，甚至使用统一的托盘安装输送零件，以避免因基准转换而产生误差，保证加工后各表面相对位置的准确性。如果零件上没有合适的统一基准面，可增设辅助基准以定位，如活塞零件的止口、端面，箱体零件的定位销孔等。当零件上没有可直接作为定位基准使用的要素时，可选择零件上的某些次要孔作为工艺孔，将其加工精度提高后作为定位孔；必要时，甚至可在零件上增加工艺凸耳，并在其上做出工艺孔作为后续加工的定位基准，加工完成后视实际情况考虑是否将其切除。

（2）基准重合原则。

高精度零件的精加工工序，当工艺系统精度裕量不够充分，保证精度有困难时，应该考虑基准重合，即采用设计基准作为定位基准，以避免因基准不重合而引起的定位误差，保证加工精度。

（3）可靠、方便、便于装夹原则。

选择定位可靠、装夹方便的表面作为定位基准，优先采用精度高、表面粗糙度小、支承面积大的表面作为基准面。避免采用占机人工调整方案，要尽可能使夹具简单、操作方便。

数控加工具有切削速度高、切削用量大的特点，切削加工过程中的切削力、惯性、离心力等比普通加工要大得多。工件的夹紧除了考虑传统原则外，应该注意保证牢固可靠，因此，数控加工对数控夹具的夹紧力和自锁性能提出了更高的要求。

2. 夹具的选择

在定位基准与夹紧方案确定后，即可选择夹具。数控加工用夹具最基本的要求是能保证夹具坐标方向与机床坐标方向的相对固定，从而协调零件与机床坐标系的关系，便于在机床坐标系中找正建立工件坐标系。此外，与普通机床夹具相比，数控加工用夹具还应符合高精度、高刚性、高效率、自动化、模块化等要求，以便与数控机床相适应。具体按以下原则考虑。

（1）高精度、高刚性要求。

数控机床具有高精度、高刚性、连续多型面自动加工的特点，因此就要求数控机床夹具具有较高的精度与刚度，从而减小工件在夹具中的定位与夹紧误差及加工中的受力形变，与数控机床的高精度、而刚性相适应，实现对高精度零件的高效加工。

（2）定位要求。

工件相对夹具一般应采用完全定位，且工件的基准相对机床坐标系原点应有严格确定的位置，以满足能在数控机床坐标系中实现刀具与工件相对运动的要求。同时，夹具在机床上也应完全定位，以满足数控加工中简化定位和安装的要求。

（3）空间要求。

数控机床能够实现工序高度集中，在一次安装后加工多个表面，采用的夹具应能在空间上满足各刀具均能接近所有待加工表面的要求，也就是希望夹具要有良好的敞开性，其定位、夹紧结构元件不能影响加工中的走刀，以免产生碰撞。此外还要考虑带支承托盘的夹具在做平移、升降、转动等动作时，与机床其他部件间不应发生空间干涉。

（4）快速重组重调要求。

数控加工可通过更换程序快速变换加工对象，为了能迅速更换工装，减少贵重设备的等待闲置时间，夹具在更换加工工件时要能快速重组重调。此外，为了提高贵重机床利用率，缩短辅助时间，夹具在机动时间内，应能在加工区外装卸工件，使工件装卸时间与加工时间重合。

根据以上原则，综合考虑经济性，如果是小批量加工，应尽量采用组合夹具、可调式夹具及其他通用夹具；当成批生产时，可考虑采用专用夹具，但应力求结构简单；当批量较大时，应采用气动或液压夹具、多工位夹具等。

四、刀具系统选择

数控机床刀具的配置必须与数控机床的高精度、高刚性、高速度、自动化等特点相适应。数控机床配置刀具、辅具应掌握的一条基本原则是：质量第一，价格第二。只要质量好，寿命长，虽然价格高一些，但综合经济效益能同时得到提高。工艺人员还要特别注意国内外新型刀具的研究成果，以便适时采用。具体要求如下。

1. 高强度、高刚性

数控加工对刀具的强度和刚性要求较普通加工严格。刀具的强度和刚性不好，就不宜兼做粗、精加工，会影响生产效率，同时容易出现打刀，并造成事故。当然，刀具刚性差，加工中刀具变形就大，加工精度也低。

2. 适于高速加工，具有良好的切削性能

为了提高生产效率和加工高硬度材料，数控机床正向着高速度、大进

给、高刚性和大功率发展。中等规格的加工中心，其主轴最高转速一般为 5 000~8 000 r/min，高速铣削中心主轴转速一般高达 15 000~40 000 r/min，工作进给已由过去的 0~5 m/min 提高到 60~80 m/min，在这种工作条件下，刀具的平衡、刀片的连接强度等非常重要。ϕ40 mm 的铣刀，在主轴转速为 40 000 r/min 时，如果刀片脱落，其射出的速度达 84 m/s，不亚于机枪子弹的速度，所以必须使用非常安全可靠的保护措施。

3. 高精度

为了适应数控加工高精度和自动换刀要求，刀具及其装夹结构也必须具有很高的精度，以保证它在机床上的安装精度（通常在 0.005 mm 以内）和重复定位精度。数控机床使用的可转位刀片一般为 M 级精度，其刀体精度也要相应提高。如果数控车床是圆盘形或圆锥形刀架，要求刀具不经过尺寸预调而直接装上使用时，则应选用精密级可转位车刀，其所配刀片应有 G 级精度，或者选用精化刀具，以保证刀尖位置的高精度。数控机床用的整体刀具也应有高精度，以满足精密零件加工的要求。

4. 高可靠性

数控加工是自动加工，数控加工的基本前提之一是刀具必须可靠，加工中不会发生意外的损坏，从而避免造成重大事故。

5. 长而稳定的寿命

同一批刀具的寿命稳定性要好。自动化加工中较先进的刀具管理方式就是定期强制换刀，即按寿命换刀，此方式可简化刀具的管理，而稳定的寿命便于实现按寿命换刀。所谓按寿命换刀即根据刀具供应商提供的，或根据实际使用统计数据获得的刀具寿命时间来确定换刀时间，寿命时间到即强行换刀，不管实际使用的某把刀具是否确实磨损需要替换。精加工刀具切削过程中的磨损会造成工件尺寸的变化，从而影响加工精度，故刀具的寿命决定了刀具在两次调整之间所能加工出合格零件的数量。刀具寿命短，加工尺寸变化大，加工精度低，同时需要频繁换刀、对刀，增加了辅助时间，且容易在工件轮廓上留下接刀刀痕，影响工件表面质量。在数控加工过程中，为了提高生产效率，延长精加工刀具的寿命非常重要。

6. 可靠的断屑与排屑性能

切屑的处理是自动化加工的一个重要课题，它对于保证机床的正常连续工作有着特别重要的意义。数控加工中，紊乱的带状切屑会给连续加工带来很多危害，而C形屑对于切削过程的平稳性及工件表面粗糙度有一定的影响，因此数控机床所用刀具在能可靠断屑的基础上，还要确保排屑畅通无阻，尤其是孔加工刀具。

7. 能够精确而迅速地调整

中高档数控机床所用刀具一般带有调整装置，这样就能够补偿由于刀具磨损而造成的工件尺寸的变化。为了提高机床生产效率,应加快调整速度。

8. 能够自动且快速地换刀

中高档数控机床一般可以采用机外预调刀具，而且换刀是在加工的自动循环过程中实现的，即自动换刀。这就要求刀具能与机床快速、准确地接合和脱开，并能适应机械手或机器人的换刀操作。所以连接刀具的刀柄、刀杆、接杆和装夹刀头的刀夹，已发展成各种适应自动化加工要求的结构，成为包括刀具在内的数控工具系统的组成部分。

9. 具有刀具工作状态监测装置

这种装置可随时将刀具状态（磨损或破损）的监测结果输入计算机，及时发出调整或更换刀具的指令，以避免由于加工过程中偶然因素造成的损失，以及由于刀具磨损而造成的加工精度下降，从而保证工作循环的正常进行，保障加工质量。

10. 刀具标准化、模块化、通用化及复合化

数控机床所用刀具的标准化，可使刀具品种规格减少、批量增加、成本降低、便于管理。为了适应数控机床的多功能发展需求，数控工具系统正向着模块化、通用化方向发展。为充分发挥数控机床的工作效率，要发展和利用多种复合刀具，使需要多道工序、几种刀具完成的加工，在一道工序中由一把刀具完成，从而提高生产效率，保证加工精度。此外，刀具结构应以机夹可转位为主，以适应数控加工刀具耐用、稳定、易调、可换等要求。由于数控加工工件一般较为复杂，选择刀具时还应特别注意刀具的形状，保证在切削加工过程中刀具不与工件轮廓相冲突。

11. 先进的刀具材料

目前，数控加工较多采用硬质合金或高速钢涂层刀具，以保证刀具寿命长，而且稳定可靠。陶瓷和超硬材料（如聚晶金刚石和立方氮化硼）的不断开发与应用，使数控机床的优势得以充分发挥。

五、对刀点与换刀点的确定

所谓对刀具有两个方面的含意。其一是为了确定工件在机床上的位置，即确定工件坐标系与机床坐标系的相互位置关系。其二是为了求出各刀具的偏置参数，即各刀具的长度偏置和半径偏置等。这里只从第一种意义上来讨论。

一般情况下，对刀是从各坐标轴方向分别进行的，对刀时直接或间接地使对刀点与刀位点重合。所谓刀位点，是指刀具的定位基准点。对刀点则通常为编程原点，或与编程原点有稳定精确关系的点。对刀点可以设在被加工零件上，也可以设在夹具或机床上，但必须与工件的编程原点有准确的关系，这样才能确定工件坐标系与机床坐标系的关系。

平头立铣刀、面铣刀类刀具的刀位点一般为刀具轴线与刀具底面的交点；球头铣刀的刀位点为球心；车刀、镗刀类刀具的刀位点为假想刀尖或刀具圆角中心；钻头则一般取钻尖为刀位点。各类刀具的刀位点如图 2-9 所示。

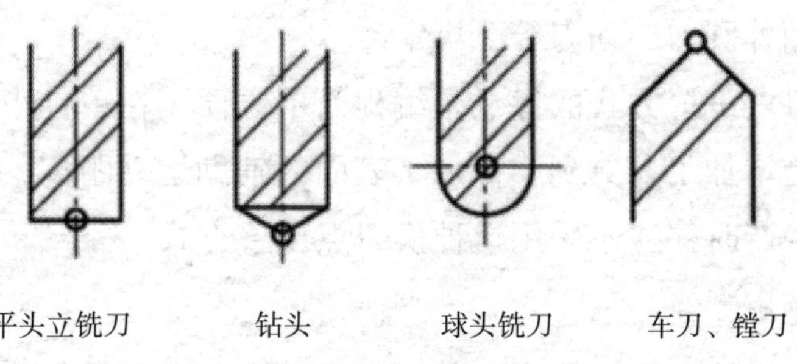

图 2-9　刀位点

选择对刀点时要考虑到找正容易，编程方便，引起的加工误差小，加工时检查方便、可靠。具体选择原则如下。

①对刀点应尽量选在零件的设计基准或工艺基准上，如以孔定位的零件，可将孔的中心作为对刀点，以利于提高对刀精度；

②对刀点应选在便于观察、检测的位置上；

③对刀点尽量选在工件坐标系的原点上，或者选在已知坐标值的点上，以便于坐标值的计算。

由于具体的技术手段问题，对刀也不可避免地存在误差，对刀误差属于常值系统性误差，可以通过试切加工结果进行调整，以消除其对加工精度的影响。

换刀点是为加工中心、数控车床等具有自动换刀机构的机床而设置的，因为这些机床在加工过程中可自动换刀。为防止换刀时与零件或夹具等冲突，换刀点常常设置在被加工零件外围一定距离的地方，并要有一定的安全余量。

加工中心通常采用固定位置换刀，换刀点位置直接由刀库或换刀机械手位置确定。

数控车床通常有两种换刀点设置方式，即固定位置换刀和随机位置换刀。

1. 固定位置换刀

固定位置换刀方式的换刀点是机床上的一个固定点，它不随工件坐标系位置的改变而发生位置变化。该固定点位置必须保证换刀时刀架或刀盘上的任何刀具不与工件发生碰撞。换句话说换刀点轴向位置（轴）由轴向最长的刀具（如内孔镗刀、钻头等）确定；换刀点径向位置（轴）由径向最长刀具（如外圆刀、切刀等）决定。

这种换刀点设置方式的优点是编程简单方便，在单件小批生产中可以采用。缺点是增加了刀具到零件加工表面的辅助运动距离，降低了加工效率。大批量生产时往往不采用这种换刀点设置方式。

2. 随机位置换刀

随机位置换刀通常也称为“跟随式换刀”。在批量生产时，为缩短辅助空行程路线，提高加工效率，可以不设置固定的换刀点，每把刀有其各自不同的换刀位置。这种方式应遵循的原则是：第一，确保换刀时刀具不与工件发生碰撞；第二，力求最短的换刀路线，即在不与工件发生碰撞的前提下，尽可能靠近工件换刀，以节省辅助时间。

跟随式换刀不使用机床数控系统提供的返回换刀点指令，而使用 G0 快速定位指令。这种换刀方式的优点是能够最大限度地缩短换刀路线，但每一把刀具的换刀位置要经过仔细计算，以确保换刀时刀具不与工件碰撞。跟随式换刀常应用于被加工工件有一定批量、使用刀具数量较多、刀具类型多、径向及轴向尺寸相差较大的情况。

另外跟随式换刀还尤其适用于一次装夹加工多个工件的情况，如图 2-10 所示。此时若采用固定换刀点换刀，工件会离换刀点越来越远，使空行程路线增加。

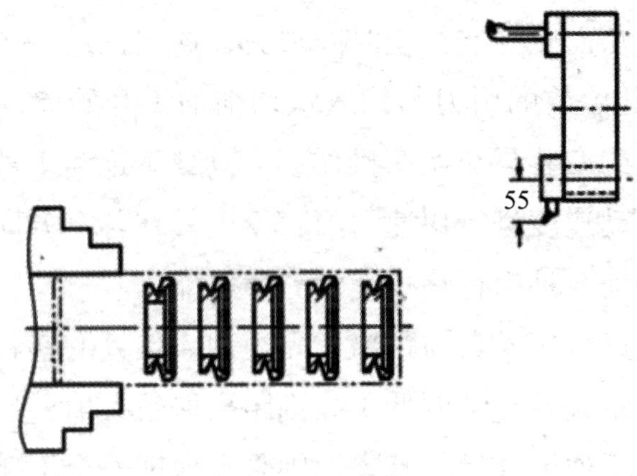

图 2-10　跟随式换刀

六、走刀路线的确定

走刀路线泛指刀具从程序启动开始运动起，直至程序结束停止运动所经过的路径，包括切削加工的路径及刀具切入、切出等非切削空行程路径。

走刀路线是刀具在整个加工工序中的运动轨迹，它不但包括了工步的内容，也反映出工步顺序。走刀路线是编程的重要依据之一，工步的划分与安排一般可根据走刀路线来进行。

1. 走刀路线的基本原则

在规划确定走刀路线时，主要考虑以下几点。

（1）走刀路线应有利于保证零件加工质量；

（2）走刀路线应有利于延长刀具寿命；

（3）走刀路线应使数据计算简单，利于减少编程工作量；

（4）走刀路线应尽可能短，以减少程序段，减少空刀时间，提高加工效率；

（5）精加工时刀具的进刀、退刀（切入、切出）应平滑连续过渡，避免在切入、切出点留下刀痕缺陷。

以上各项有时是互相矛盾的，此时应分清主次，确保重点，适当兼顾，最终达到较为理想的效果。

2. 空行程路线安排

通过合理设置起刀点、换刀点和运动叠加等方法，尽可能地将空行程路线缩到最短，从而减少空行程时间损失，这在批量生产中不可忽视。

（1）切削开始前的引刀与切入：切削加工开始前，由于要进行工件的装夹以及刀具的安装与交换等操作，刀具处于远离工件位置。这时一般采用机床最大运动速度进行快速引刀，使刀具在各个方向同时向工件切入点靠拢，只要保证刀具运行路径上没有障碍即可。

快速引刀终点与切入点的距离，需视切入点处的坯料情况而定。如果坯料切入点处质量较差（精度低），则距离取较大值，反之则可以取较小值，但至少应大于加工余量。基本原则是在保证安全不碰撞的前提下，尽可能减小切入距离，以节省时间，提高效率。

快速引刀结束，刀具以工作进给的速度向零件切入点切入。切入结束，刀具已经切到一层加工余量。对于精加工，特别是连续轮廓零件，刀具的切入应注意平滑连续过渡，即沿轮廓切入处的切线方向切入，以避免在切入点处留下刀痕缺陷。

（2）切削结束后的切出与退刀：切削加工结束，刀具要退离工件。一般在轮廓终点处沿轮廓长度方向增加一小段长度，刀具要多切出这一小段距离。精加工应尽量避免在轮廓中间切出，对于连续轮廓零件，或必须在轮廓中间切出时，则须沿轮廓切出处的切线方向切出，以避免在切出点处留下刀痕缺陷。刀具的切出行程应尽可能小，切出结束，即可以 G0 方式（快速）退刀。

3. 切削进给路线的安排

短的切削进给路线可有效地提高生产效率，降低刀具的损耗等。在安排粗加工或半精加工的切削进给路线时，应同时兼顾被加工零件的刚性及加工的工艺性等要求，精加工时应同时兼顾质量与效率等要求，不要顾此失彼。

图 2-11 所示为一平面孔系，有 4 个孔需要加工，可以采用两种走刀方案。图 2-11（a）方案按照 1、2、3、4 孔的顺序进行加工，该方案加工路线最短，但由于孔 4 的加工定位方向与孔 1、2、3 相反，轴的反向间隙会使实际定位误差增加，从而影响加工孔的位置精度。图 2-11（b）方案按 1、2、4、3 的顺序，加工完孔 2 后，刀具向轴反向移动一段距离，越过孔 4 后再向轴正方向移至孔 4 进行加工，因各孔加工前的辅助定位运动方向一致，孔位置精度较高。因此，当孔系加工位置精度要求不高时，可以采用图 2-11（a）方案；但当孔系加工精度要求较高时，则必须采用图 2-11（b）方案。

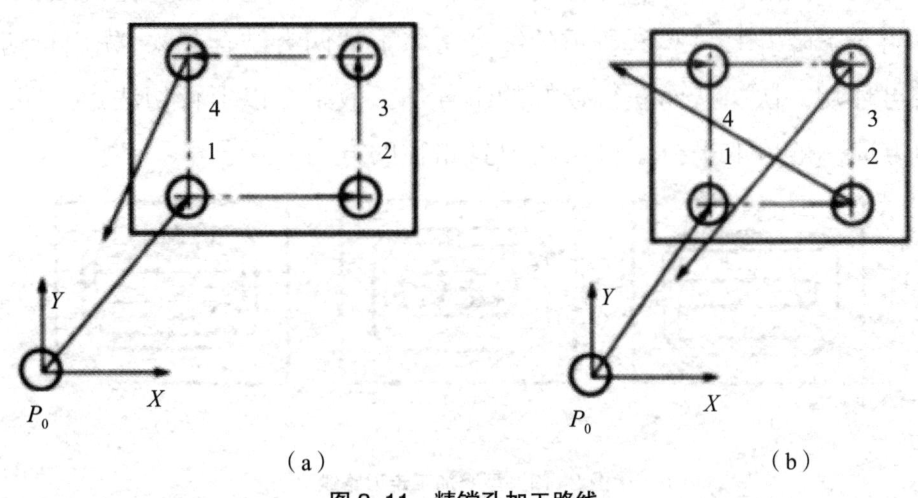

图 2-11　精镗孔加工路线

（a）位置精度低；（b）位置精度高

图 2-12 所示为顺铣与逆铣示意图，在普通铣床上，由于进给运动丝杆副的间隙问题，为了铣削平稳，避免工作台窜动，通常采用逆铣。数控机床进给运动采用滚珠丝杆副传动，滚珠丝杆副可以彻底消除间隙，甚至进行预紧，因而不存在间隙引起工作台窜动问题。而从金属切削原理来说，顺铣有利于提高刀具寿命，因此，数控铣削加工应尽可能采用顺铣。但是，对于铸造或锻造坯料，顺铣时刀具从表皮切入，刀刃直接与表层硬皮接触，刀具损耗严重，此时应采用逆铣，使得刀具从工件内层切入，避开与表面

硬皮直接接触，保护刃口，提高刀具寿命。

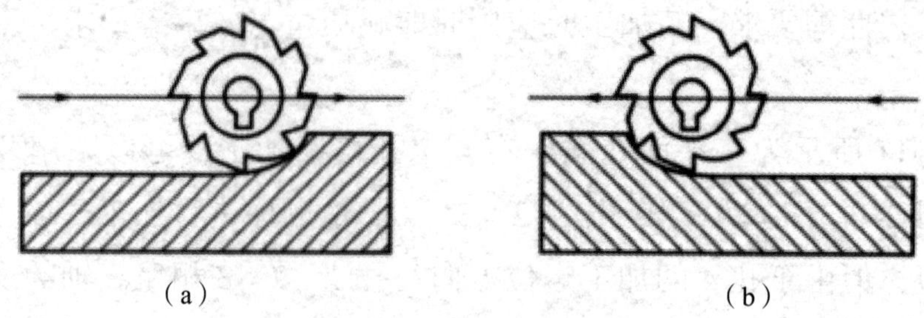

图 2–12　顺铣与逆铣示意图

（a）逆铣；（b）顺铣

图 2-13 所示为加工型腔的三种不同走刀方法。图 2-13（a）所示为行切法，其特点是刀位数据计算简单，程序最少，效率高，但在每两次走刀的起点与终点处会留下残留高度。图 2-13（b）所示的环切法，虽然克服了残留高度问题，但刀位计算复杂，程序量大，当型腔长宽比例较大时，效率明显下降。图 2-13（c）所示的综合法将上述两者结合起来，先用行切法，最后再环切一次，从而获得较好的编程加工效果。以上行切法走刀路线中走刀方向一般应取平行于最长的刀具路径的方向。

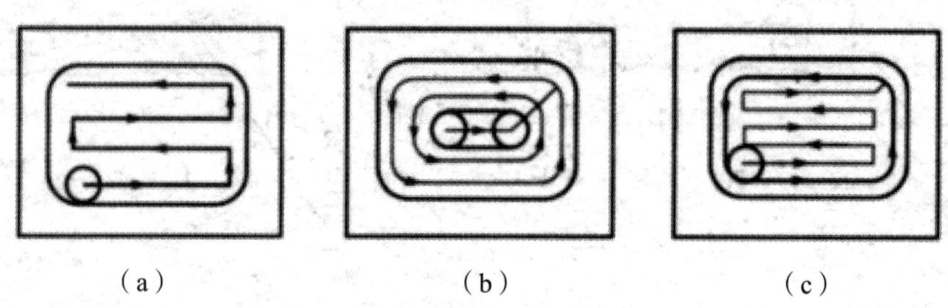

图 2–13　型腔加工走刀路线

（a）行切法；（b）环切法；（c）综合切法

如图 2-14 所示为发动机叶片加工的两种不同走刀路线。由于加工面是直纹面，采用图 2-14（a）方案则每次沿直线走刀，刀位计算简单，程序段少，加工过程符合直纹面造型规律，能较好地保证母线的直线度。采用图 2-14（b）方案则刀位计算复杂，程序段多，但符合零件数据给出的情况，叶形的正确度高。

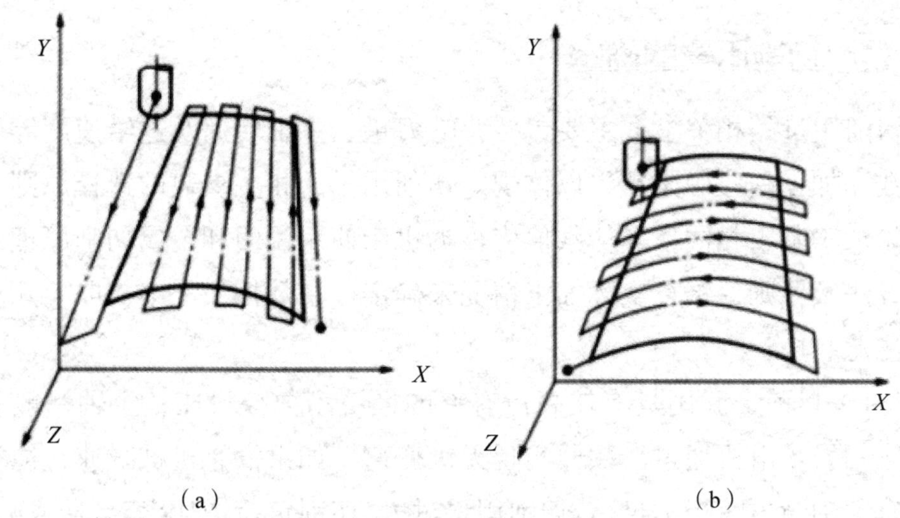

图 2-14　发动机叶片加工走刀路线

（a）沿直纹母线方向；（b）沿截面线走刀

采用数控铣床进行轮廓精铣时，应尽量减少刀具在轮廓处的停留而留下刀痕，避免在轮廓面工垂直进退刀而划伤工件。通常采用切向切入、切出的方式，配合连续路径，使得切入、切出平稳连续过渡，确保切入、切出点无过切或欠切现象，如图 2-15 所示。

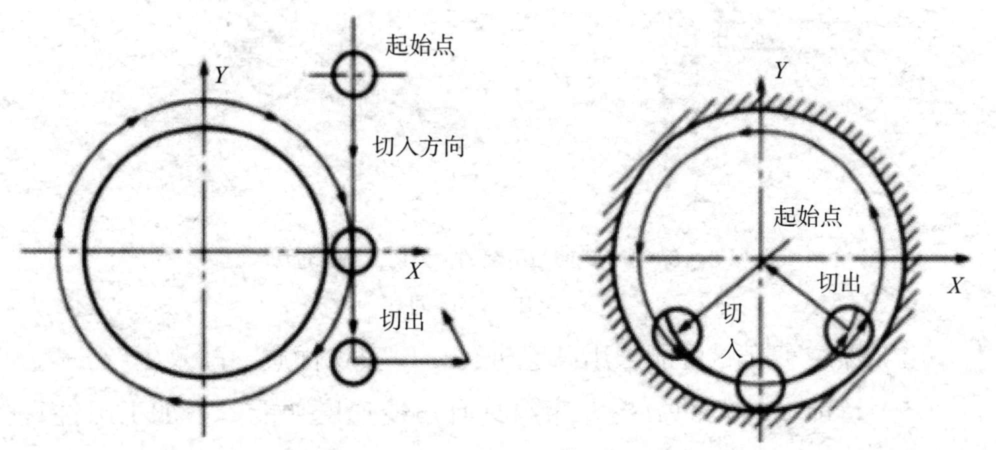

图 2-15　精加工的切入与切出

此外，考虑到保证工件轮廓表面加工后的粗糙度要求，最终轮廓应安排在最后一次走刀连续完成。加工路线的选择还应尽量减少工件的变形，减少前道工序对后道工序的影响，刚性差的工件分多次走刀加工等。

七、切削用量的确定

切削用量的相关参数主要包括背吃刀量、主轴转速及进给速度等，这些参数在加工程序中必须得以体现。切削用量的相关参数的选择原则与通用机床加工基本相同，具体数值应根据机床使用说明和金属切削原理中规定的方法及原则，结合实际加工情况来确定。在数控加工中，以下几点应特别注意。

（1）目前，我国具有较高占有率的经济型数控机床，主轴一般采用普通三相异步电机通过变频器实现无级变速，如果没有机械减速，往往在低速时主轴输出扭矩不足,若切削用量过大,切削负荷增加,容易造成闷车。

（2）切削用量过大刀具磨损加快，故应尽可能选择合适的切削用量，使刀具能完成一个零件或一个工作班次的加工工作，大件精加工尤其要注意尽量避免加工过程中换刀，确保能在刀具寿命内完成全部加工。

（3）刀具进给速度选择应适当，否则工件拐角处会因进给惯性出现超程，从而造成“欠切”（外拐角）或“过切”（内拐角），如图 2-16 所示。

图 2-16　拐角处超程引起的“欠切”与“过切”

（a）欠切；（b）过切

（4）螺纹车削尽可能采用高速进行，以实现优质、高效生产。

（5）目前，一般的数控车床都具有恒线速度功能，当加工工件直径有变化时，尽可能采用恒线速度进行加工，既可提高加工表面质量，又可充分发挥刀具的性能，提高生产效率。

（6）采用高速加工机床进行加工时，切削用量相关参数的选择原则不同于传统切削加工。高速加工一般选取很高的进给速度，并采用极高的切削速度以便与高进给速度相匹配，同时选取较小的切削深度。

（7）当加工圆弧段时，实际进给速度，即刀触点的进给速度，并不等于设定的刀位点的进给速度。所谓刀触点，就是加工过程中刀具与工件实际接触的点，即刀具与工件加工轮廓的切点，由它产生最终的切削效果，如图 2-17 所示。

当刀具半径越是接近工件半径时，刀触点的实际进给速度将变得非常大或非常小，从而可能损伤刀具与工件或降低生产效率，所以应该考虑到刀具半径与工件圆弧半径对工作进给速度的影响。

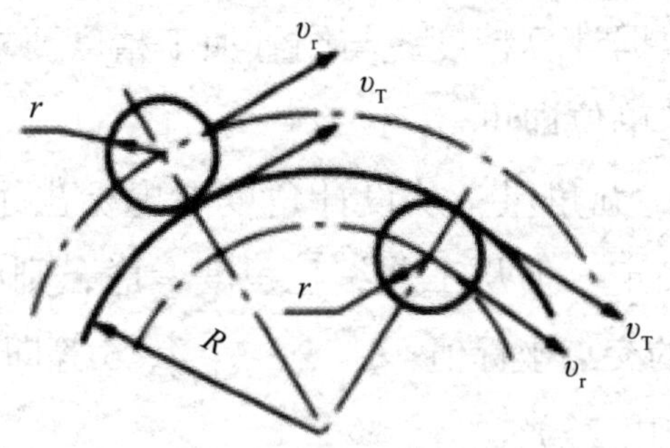

图 2-17　圆弧切削的进给速度

第四节　数控加工中的数值计算与处理

数控机床是将工艺规划好的加工路径等信息编写成程序，控制刀具与工件间的相对运动而进行加工的。刀具路径规划的原始依据是零件图纸。无论是手工编程还是自动编程，都要按已经确定的加工路线和允许的误差进行刀位点的计算。所谓刀位点即为刀具运动过程中的相关坐标点，包括基点和节点。

一般数控机床只有直线和圆弧插补功能，当刀具路径规划好后，需要知道刀具路径上各直线和圆弧要素的连接点坐标数据，才能进行编程。这些编程所需要的数据在零件图上未必都能直接获得。当被加工工件轮廓是非圆曲线，而数控机床又不具备相应的插补功能时，就只能用若干直线或圆弧段对非圆曲线进行拟合，以近似代替实际轮廓曲线，这就需要计算出各拟合段的交点坐标，从而编制出各拟合段程序。

通常数学处理的内容主要包括基点坐标的计算、节点坐标的计算及辅助计算等内容。

一、基点坐标的计算

所谓基点，就是指构成零件轮廓的各相邻几何要素间的交点或切点，如两直线间的交点、直线与圆弧的交点或切点等。

一般来说，基点坐标数据可根据图纸原始尺寸，利用三角函数、几何、解析几何等求出，数据计算精度应与图纸加工精度要求相适应，一般最高精确到机床最小设定单位即可。

图 2-18 所示为一五角星，从设计角度考虑标出了外接圆尺寸，这已完全可以将五角星确定。但从工艺编程角度考虑，则必须求出 1、2、3、4、5 等五角星各边的交点坐标值，1、2、3、4、5 等即为基点。图中点 1 坐标可直接获得，即（0，25）。

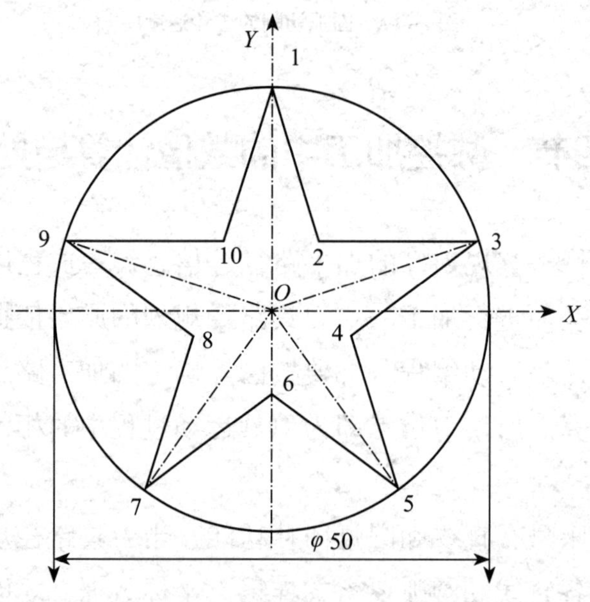

图 2–18　轮廓基点坐标计算

由图 2-18 可见，五角星各顶点关于 Y 轴对称。因此，只要求出第一、四象限各基点的坐标，第二、三象限各基点坐标即可根据对称性获得。分析可知，五角星各顶点与中心连线间夹角为 360° /5=72°，3、9 点与中心的连线与 X 轴的夹角为 18°，则

$X_3=25\times\cos18°=23.776$

$Y_3=25\times\sin18°=7.725$

对于点 2，其坐标同点 3，即 $Y_2=7.725$。

而 $X_2=(Y_1-Y_2)\tan18°=(25-7.725)\tan18°=5.613$。

同理可逐个求得其余各点的坐标值。

基点坐标的计算是手工编程中一项非常重要而烦琐的工作，基点坐标计算一旦出错，则据此编制的程序也就不能正确反映加工所需的刀具路径与精度，从而导致零件报废。人工计算效率低，数据可靠性低，只能处理一些较简单的图形数据。

二、节点坐标的计算

所谓节点就是在满足容差要求前提下，用若干插补线段（直线或圆弧）拟合逼近实际轮廓曲线时，相邻两插补线段的交点。容差是指用插补线段逼近实际轮廓曲线时允许存在的误差。节点坐标的计算相对比较复杂，方法也很多，是手工编程的难点。因此，通常对于复杂的曲线、曲面加工，尽可能采用自动编程，以减少误差，提高程序的可靠性，减轻编程人员的工作负担。

节点坐标的计算方法很多，一般可根据轮廓曲线的特性及加工精度要求等选择。若轮廓曲线的曲率变化不大，可采用等步长法计算插补节点；若轮廓曲线曲率变化较大，可采用等误差法计算插补节点；当加工精度要求较高时，可采用逼近程度较高的圆弧逼近插补法计算插补节点。节点的数目主要取决于轮廓曲线特性、逼近线段形状及容差要求等，对于同一曲线，在相同容差要求下，采用圆弧逼近法与直线逼近法相比，可以有效减少节点数目。而容差值越小，节点数则越多。下面介绍几种手工编程较常用的节点坐标计算法。

1. 等间距直线逼近的节点计算

等间距直线逼近的节点计算方法相对比较简单，其特点是使每一逼近线段的某一坐标增量相等，然后根据曲线的表达式求出另一个坐标值，即可得到节点坐标，如在直角坐标系中，可使相邻节点间的或坐标增量相等；

而在极坐标系中，则可使相邻节点间的极角增量相等或径向坐标增量相等。

如图 2-19 所示，从起点开始，每次增加一个坐标增量，将曲线沿轴划分成若干等间距段。点 A、B、C、D……的坐标值可依次累加求得。这样将相邻节点连成直线，用这些直线组成的折线代替实际的轮廓向线，采用直线插补方式进行编程。由图可见，Δx 取得越大，产生的拟合误差（逼近线与实际曲线间的最大垂直距离）就越大。Δx 的取值与曲线的曲率和允许的拟合误差以及曲线的走势等有关，实际生产中，常由零件加工所要求精度，根据经验选取。允许的拟合误差通常取为工件允差的 1/10~1/5。

等间距法计算简单，但由于 Δx 是定值，当曲线曲率变化较大，曲线走势变化较大时，为了保证加工精度，Δx 取决于最大曲率和曲线最陡斜处，即在该处计算得到的 Δx 最小，从而导致程序段数目过多，计算工作量增加。

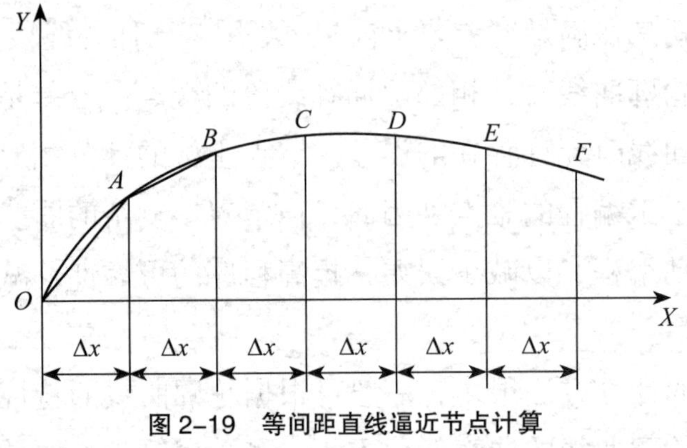

图 2–19　等间距直线逼近节点计算

2. 等步长直线逼近的节点计算

采用等步长直线逼近轮廓曲线时，每段拟合线段的长度都相等，通常也称作等弦长直线逼近，如图 2-20 所示。

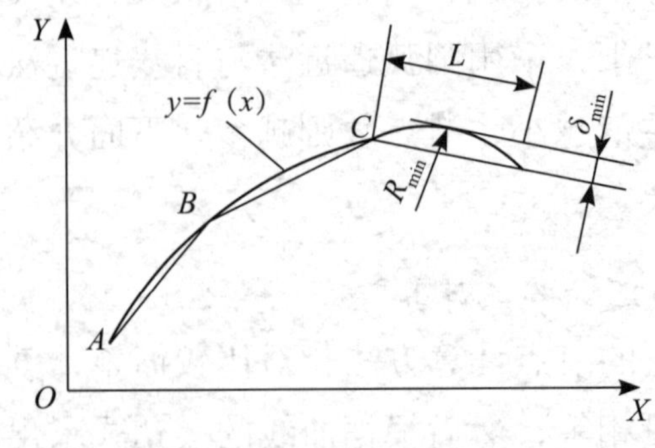

图 2–20　等步长直线逼近节点计算

由于轮廓曲线各处的曲率不等，因而各拟合段的逼近误差也不等。为了保证加工精度，必须将拟合的最大误差控制在允许范围内。采用等步长逼近曲线，其最大误差必定在曲率半径最小处。因此，只要求出最小曲率半径就可以结合容差确定允许的步长，再按步长计算各节点坐标。计算步骤如下。

（1）求最小曲率半径 R_{min}。曲线 $y=f(x)$ 上任意一点的曲率半径为

$$R=\sqrt{\frac{(1+y'^2)^3}{y''}} \tag{1}$$

取导数 $dR/dx=0$

$$3y'y''^2-(l-y'^2)\ y''=0 \tag{2}$$

根据 $y=f(x)$ 求得 y'、y''、y'''，并代入式（2），求得 x，再将 x 值代入式（1）即可求得 R_{min}。

（2）确定允许步长 L。由图中几何关系可以得等式

$$(R_{min}-\delta)^2+(L/2)^2=R^2{}_{min}$$

则

$$L=2\sqrt{R^2{}_{min}-(R_{min}-\delta)^2}\approx 2\sqrt{2\delta R_{min}}$$

（3）计算节点 B 的坐标。以起点 A 为圆心，作半径为 L 的圆，与 $y=f(x)$ 曲线相交于 B 点，联立求解下列方程组

$$(x-X_0)+(y-Y_0)^2=L^2$$
$$y=f(x)$$

即可求得 B 点的坐标。式中 X_0、Y_0 为 A 点的坐标值。

按照上述步骤 3 依次向后作圆求解，即可逐个求出全部节点的坐标。

同样，当曲线各处的曲率相差较大时，采用等步长逼近法将有较多的节点数目，计算工作量大、程序长，但与等间距逼近法相比，排除了曲线走势的影响，等步长逼近法常用在曲线曲率变化不大的情况。

3. 等误差直线逼近的节点计算

用等误差法以直线逼近轮廓曲线时，每一拟合线的拟合误差相等，如图 2-21 所示。其节点计算过程如下。

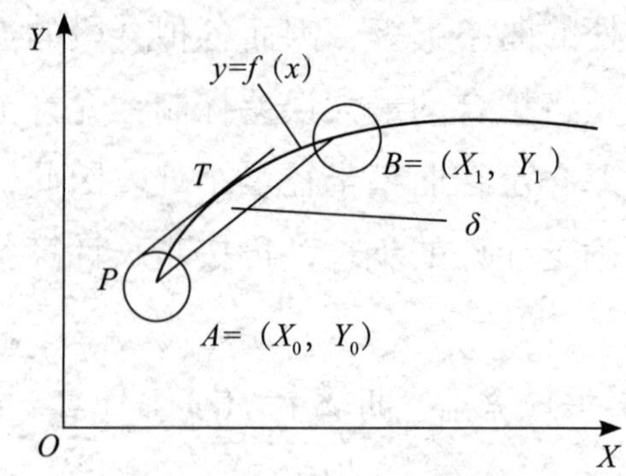

图 2–21　等误差直线逼近节点计算

以在轮廓曲线的起点 A 为圆心，拟合误差为半径作一圆，设 A 点的坐标为（X_0，Y_0），则圆方程为

$$(x-X_0)^2+(y-Y_0)^2=\delta^2$$

过圆上一点作圆与轮廓曲线的公切线，是曲线上的切点。公切线的斜率为

$$k=(Y_T-Y_P)\ /\ (X_T-X_P)$$

式中，（Y_P，Y_P）、（Y_T，Y_T）是点P与点$_T$的坐标值。

若过 P 点求轮廓曲线的导数，公切线 PT 的斜率还可表示为

$$k=\frac{\mathrm{d}y}{\mathrm{d}x}\Big|_P=-\frac{X_P-X_0}{Y_P-Y_0}$$

若过 T 点求轮廓曲线的导数，公切线 PT 的斜率还可表示为

$$k=\frac{\mathrm{d}y}{\mathrm{d}x}\Big|_T=-f'(X_r)$$

可得下列联立方程组

$$(Y_T-Y_P)\ /\ (X_T-X_P)=-\ (X_P-X_0)/(Y_P-Y_0)$$

$$(Y_T-Y_P)\ /\ (X_T-X_P)=f'(X_T)$$

$$Y_T=f(X_T)$$

$$Y_P=\sqrt{\delta^2-\ (X_P-X_0)^2+Y_0}$$

解上述方程组可求得切点 P 和 T 的坐标（X_P，Y_P）、（X_T，Y_T），将其代入上式即可求得 k 值。

由于拟合线 AB 平行于 PT，所以可得直线 AB 的方程式为

$$y - Y_0 = k(x - X_0)$$

将上式与 $y=f(x)$ 联立求解，可以求出 B 点的坐标（X_1，Y_1）。以 B 点为圆心作圆，按上述过程即可求出后一节点的坐标（X_2，Y_2），依此类推，可求出全部节点。

等误差逼近法计算较复杂，但在保证同样精度前提下，可以使得节点数目最少，从而使得程序最短。

以上介绍的是用直线段拟合非圆轮廓曲线，也可以采用圆弧段拟合非圆轮廓曲线。由于圆弧拟合计算烦琐，人工处理有一定的困难。采用圆弧段拟合非圆轮廓曲线，在相同拟合精度下，通常可以使节点数目更少，程序更简洁，因此在自动编程中常被采用。

三、辅助计算

编程人员在拿到图纸进行编程时，首先要做必要的工艺分析处理，并在零件图上选择编程原点，建立编程坐标系。从理论上讲，编程原点可以任意选取。编程时，在保证加工要求的前提下，总希望选择的原点有利于简化编程加工，尽可能实现直接利用图纸尺寸数据编程，以减少数据计算。

实际生产中，当编程原点选定并据此建立编程坐标系后，为了编程并实现优化加工，往往还需要对图纸上的一些标注尺寸进行适当的转换或计算。通常包括以下内容。

1. 尺寸换算

如图 2-22 所示的零件，经分析后将编程原点定在其右端面与轴线交点处。如果采用绝对坐标编程，则端面 A、B 的坐标数据需要计算。端面由于未注公差，可以采用公称尺寸进行计算。根据尺寸链计算公式得

$$15.1 = 40.05 - Z_{A\min}，\ Z_{A\min} = 24.95$$

$$15 = 40 - Z_{A\max}，\ Z_{A\max} = 25$$

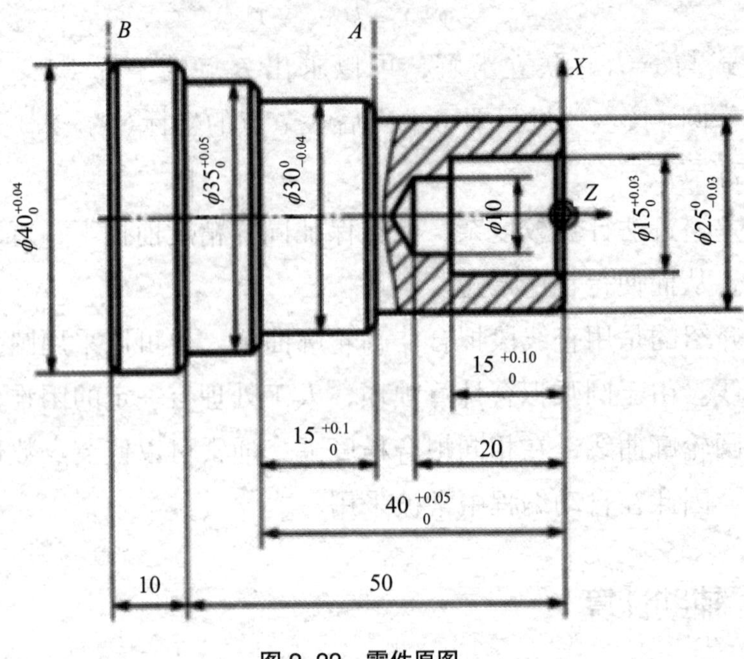

图 2-22　零件原图

2. 公差转换

零件图的工作表面或配合表面一般都注有公差，公差带位置各不相同。图 2-22 中，有 7 个尺寸注有公差要求，其公差带均为单向偏置。数控加工与传统加工一样存在诸多的误差影响因素，总会产生一定的加工误差。如果按零件图纸公称尺寸进行编程，加工后的零件尺寸将出现两种情况：一种大于公称尺寸，另一种小于公称尺寸。从理论上讲，两种情况出现的概率各为 50%。对于公差带单向偏置的尺寸，如果按公称值进行编程加工，将会意味着 50% 的不合格可能性，其中一部分已经是废品（如外圆尺寸小于下偏差），而另一部分还可以通过补充加工进行修正（如外圆尺寸大于上偏差）。上述两种情况的出现都将带来不必要的经济损失。

基于上述原因，数控编程时通常需将公差尺寸进行转换，使其公差带对称偏置，再以此尺寸公称值编程，从而最大限度地减少不合格品的产生，提高数控加工效率和经济效益。

图 2-22 中零件经上述各项换算转换后即形成图 2-23 所示的零件，编程时使用该图所注尺寸的公称数据即可。

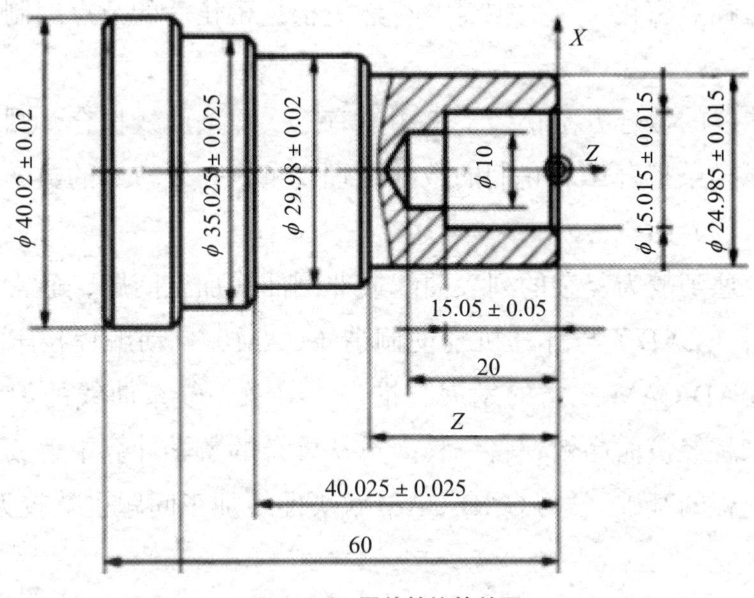

图 2–23　零件转换等效图

3. 粗加工及辅助程序段路径数据计算

数控加工与传统加工一样，一般不可能一次走刀将零件所有余量切除，通常需要分粗、精加工多次走刀，以逐步切除余量并提高精度，当余量较大时就要增加走刀次数。手工编程时需要得到走刀路线上各步间连接点的坐标信息，因此当按照工艺要求规划好刀具路线后，尚需求出走刀路线上各相关点的坐标信息，包括程序开始的切入路线相关点与程序结束的切出路线相关点的坐标信息。对于粗加工走刀路线上的坐标信息，一般不需要太高的精度，为了方便计算，通常可利用一些已知特征点做一些必要的简化处理。

四、列表曲线的数学处理

在实际生产中，有些零件的轮廓是由实验或测量的方法获得的形值点，在图纸上以列表的形式给出，故称为列表曲线。列表曲线没有具体的方程式。当给出的列表曲线形值点已经密到一定程度时，即可直接在相邻列表点间用曲线或圆弧进行编程。但当列表曲线给出的形值点较少时，为了保证加工精度，必须增加新的节点，为此需要对列表曲线进行处理。通常的处理方法是：根据已知列表点导出插值方程式（一次拟合），再根据插值方程式进行插点密化（二次拟合），然后根据密化后的节点编制拟合线段程序。

列表曲线的拟合方法很多，常用的有三次样条曲线拟合、圆弧样条拟合和双圆弧样条拟合等。它们的数学处理复杂，需要较好的数学功底，在此不做深入的介绍。

目前，遇到较为复杂的列表曲线或非圆曲线加工问题，通常采用计算机辅助设计（CAD）与计算机辅助制造（CAM）自动编程技术。随着测量技术与CAD/CAM技术的发展、推广、普及，复杂曲线的编程加工已经变得越来越经济而高效，将编程人员从繁杂的数学计算中解放出来。具备了手工编程的基础,学习CAD/CAM解决曲线加工问题也就较为容易了。

第五节　数控加工专用技术文件的编制

编写数控加工专用技术文件是数控加工工艺设计的重要内容之一。这些专用技术文件既是数控加工、产品验收的依据，也是需要操作者遵守、执行的规程，有的则是加工程序的具体说明或附加说明，其目的是让操作者更加明确程序的内容、安装与定位方式、各个加工部位所选用的刀具及其他问题。

为加强技术文件管理，数控加工专用技术文件也应该走标准化、规范化的道路目前尚未有统一的国家标准，但在各企业或行业内部已有一定的规范可循，数控加工专用技术文件通常包括数控加工工序卡、数控加工程序说明卡、数控加工走刀路线图、数控加工程序单、数控刀具调整卡片等，现介绍如下。

一、数控加工工序卡

在加工内容不十分复杂的情况下，可以采用数控加工工序卡的形式反映具体的工序内容。数控加工工序卡与普通加工工序卡基本相同，但必须反映出使用的辅具、刀具及切削参数等，并在零件草图中标明编程原点、坐标方向、对刀点及编程的简要说明（如机床或控制器型号、程序号）等。

图 2-24 所示为某设备支架零件图。

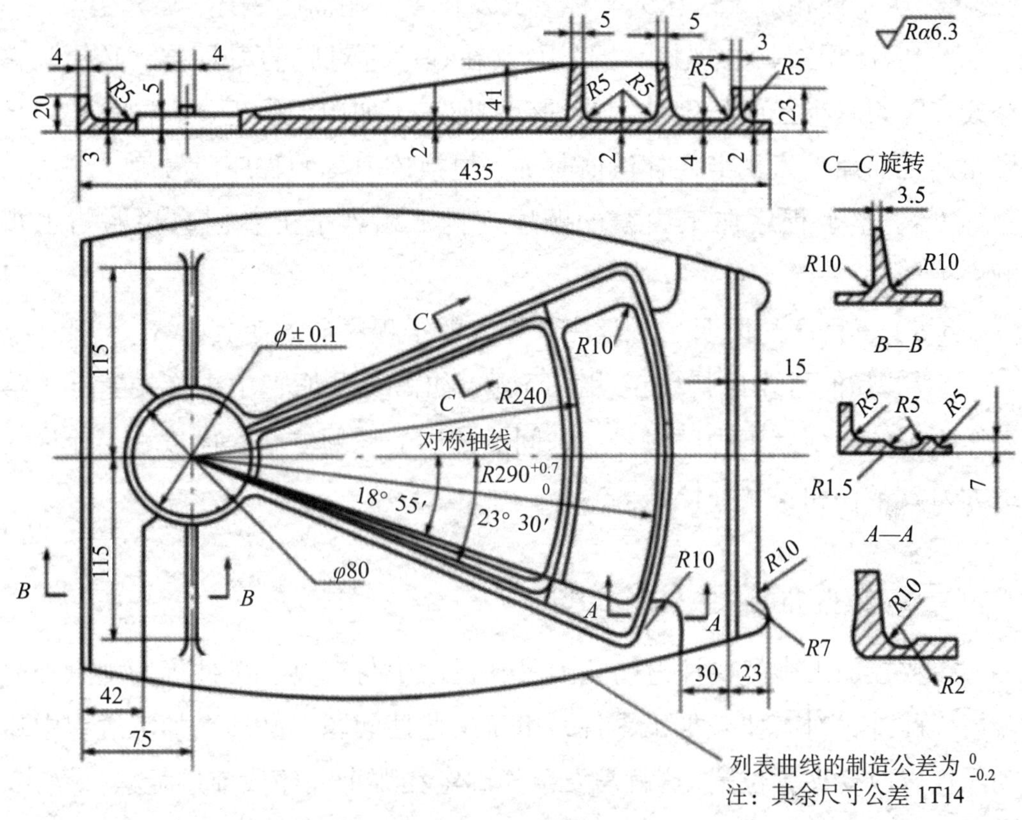

图 2-24　支架零件简图

由图可知，该工件的内外加工轮廓由列表曲线、圆弧及直线构成，形状复杂，普通加工难度大，检测也较困难。所以该零件除底平面的铣削宜采用通用铣削加工方法外，其余各部位均可作为数控平面铣削工序的内容。

二、数控加工程序说明卡

实践证明，仅用加工程序单、工艺规程来指导实际数控加工会有许多问题。由于操作者对程序内容不清楚，对编程人员的意图理解不够，经常需要编程人员在现场说明与指导。因此，对加工程序进行详细说明是很必要的，特别是对于那些需要长时间保存和使用的程序尤其重要。

一般来说，数控加工程序说明卡主要包括如下内容。

（1）所用数控设备型号及控制器型号。

（2）对刀点（程序原点）及允许的对刀误差。

（3）工件相对于机床的坐标方向及位置（用简图表述）。

（4）所用刀具的规格、图号及其在程序中对应的刀具号，必须调整修改实际刀具半径或长度补偿值进行的加工（如用同一程序、同一把刀具做粗加工而加大刀具半径补偿值时）、更换该刀具的程序段号等。

（5）整个程序加工内容的顺序安排（相当于工步内容说明与工步顺序）。

（6）子程序的说明。对程序中编入的子程序应说明其内容。

（7）其他需要作特殊说明的问题，如需要在加工中更换夹紧点（移动压板）的计划停车程序段号、中间测量用的计划停车程序段号、允许的最大刀具半径和长度补偿值等。

三、数控加工走刀路线图

在数控加工中，要注意防止刀具在运动中与夹具、工件等发生意外的碰撞。此外，对有些被加工零件，由于工艺性问题，必须在加工过程中移动压板以改变夹紧位置，这就需要事先确定在哪个程序段前进行这一操作、原始夹紧点在零件的什么地方、需要更换到什么地方、采用什么样的夹紧元件等，以防到时候手忙脚乱或出现安全问题。这些用程序说明卡和工序卡是难以说明或表达清楚的，如用走刀路线图加以附加说明，效果就会更好。为简化走刀路线图，一般可采用统一约定的符号来表示。不同的机床可以采用不同图例与格式。

四、数控加工程序单

数控加工程序是编程员根据工艺分析情况，经数值计算后，按照具体数控机床或数控系统的指令代码编制的。它完整体现了数控加工工艺过程中的各种几何运动与工艺信息等，是实现数控加工所必需的。数控加工程序单则是数控加工程序的具体体现，通常应做出硬拷贝和软拷贝保存，以便检查、交流或下次加工时调用。

第三章　数控车床的基本介绍

第一节　认识数控车床及安全规程

一、数控车床操作的注意事项

1）安全操作基本注意事项。

①工作时，穿好工作服、安全鞋，戴好工作帽及防护镜。注意：不允许戴手套操作车床。

②不要移动或损坏安装在车床上的警告标牌。

③不要在车床周围放置障碍物，保证工作空间应足够大。

④某一项工作如需要两人或多人共同完成时，应注意相互间的协调一致。

⑤不允许采用压缩空气清洗车床、电气柜及 NC 单元。

2）工作前的准备工作。

①车床开始工作前要预热，认真检查润滑系统工作是否正常。如车床长时间未开动，可先采用手动方式向各部分供油润滑。

②使用的刀具应与车床允许的规格相符，有严重破损的刀具要及时更换。

③调整刀具，所用工具不要遗忘在车床内。

④检查大尺寸轴类零件的中心孔是否合适，中心孔如太小，工作中易发生危险。

⑤刀具安装好后，应进行 1~2 次试切削。

⑥检查卡盘夹紧工作的状态。

⑦车床开动前，必须关好车床防护门。

3）工作过程中的安全注意事项。

①禁止用手接触刀尖和铁屑，铁屑必须要用铁钩或毛刷来清理。

②禁止用手或其他任何方式接触正在旋转的主轴、工件或其他运动部位。

③禁止在加工过程中测量工件、变速，更不能用棉纱擦拭工件，也不能清扫车床。

④车床运转过程中，操作者不得离开岗位。如发现车床出现异常现象，应立即停车。

⑤经常检查轴承温度，过高时应找有关人员进行检查。

⑥在加工过程中，不允许打开车床防护门。

⑦严格遵守岗位责任制，车床由专人使用。如他人使用，须经操作者本人同意。

⑧工件伸出车床超过 100 mm 时，应在伸出位置设防护物。

4）工作完成后的注意事项。

①清除切屑，擦拭车床，使用后的车床与周边环境应保持清洁状态。

②注意检查或更换磨损坏了的车床导轨工的油擦板。

③检查润滑油、冷却液的状态，及时添加或更换。

④依次关掉车床操作面板上的电源和总电源。

必须严格按照操作步骤操作数控车床，未经专业技术人员同意，不允许私自修改机床参数和修理设备。

二、数控车床的特点

1）加工精度高。

数控车床是按数字形式给出的指令进行加工的。目前，数控车床的脉冲当量普遍达到了 0.001 mm，而且进给传动链的反向间隙与丝杠螺距误差等均可由数控装置进行补偿。因此，数控车床能达到很高的加工精度，对于中小型数控车床，其定位精度普遍可达 0.03 mm，重复定位精度为 0.01 mm。

2）对加工对象的适应性强。

数控车床上改变加工零件时，只需重新编制程序，输入新的程序就能实现对新零件的加工，这就为复杂结构的单件、小批量生产以及试制新产品提供了极大的便利。对那些用手工操作的普通车床很难加工或无法加工的精密复杂零件，数控车床也能实现自动加工。

3）自动化程度高，劳动强度低。

数控车床对零件的加工是按事先编好的程序自动完成的，操作者除了安放穿孔带或操作键盘、装卸工件、对关键工序的中间检测以及观察车床运行之外，不需要进行复杂的重复性手工操作，劳动强度与紧张程度均可大幅度减轻。加工数控车床一般有较好的安全防护、自动排屑、自动冷却及自动润滑装置，操作者的劳动条件也大为改善。

4）生产效率高。

零件加工所需的时间主要包括机动时间和辅助时间两部分。因数控车床主轴的转速和进给量的变化范围比普通车床大，故数控车床的每一道工序都可选用最有利的切削用量。由于数控车床的结构刚性好，因此可进行大切削量的强力切削，这就提高了切削效率，节省了机动时间。因为数控车床移动部件的空行程运动速度快，所以工件的装夹时间、辅助时间比一般车床少。

因数控车床更换被加工零件时几乎不需要重新调整车床，故节省了零件安装调整时间。由于数控车床加工质量稳定，一般只做首件检验和工序间关键尺寸的抽样检验，因此节省了停机检验时间。

5）经济效益良好。

数控车床虽然价值昂贵，加工时分到每个零件上的设备折旧费高，但是在单件、小批量生产的情况下具有以下优势。

①使用数控车床加工，可节省划线工时，减少调整、加工和检验时间，节省了直接生产费用。

②使用数控车床加工零件，一般不需要制作专用夹具，节省了工艺装备费用。

③数控加工精度稳定，减少了废品率，使生产成本进一步下降。

④数控车床可实现一机多用，节省厂房面积和建厂投资。因此，使用数控车床仍可获得良好的经济效益。

三、数控车床的应用

数控车床有普通车床所不具备的许多优点，其应用范围正在不断扩大。但它并不能完全代替普通车床，也还不能以最经济的方式解决机械加工中的所有问题。数控车床最适合加工具有以下特点的零件。

①多品种、小批量生产的零件。

②形状结构较复杂的零件。

③需要频繁改型的零件。

④价值昂贵、不允许报废的关键零件。

⑤设计制造周期短的急需零件。

⑥批量较大、精度要求较高的零件。

四、数控车床的分类

数控车床的外形与普通车床相似，即由床身、主轴箱、刀架、进给系统以及冷却与润滑系统等部分组成。数控车床的进给系统与普通车床有本质上的区别，传统普通车床有进给箱和交换齿轮架，而数控车床直接用伺服电机通过滚珠丝杠驱动溜板和刀架实现进给运动，因而进给系统的结构大为简化。

数控车床品种繁多，规格不一，可按以下方法进行分类：

1）按车床主轴位置分类。

（1）卧式数控车床。

卧式数控车床可分为数控水平导轨卧式车床和数控倾斜导轨卧式车床。其倾斜导轨结构可使车床具有更大的刚性，并易于排除切屑。

（2）立式数控车床。

立式数控车床简称数控立车，其车床主轴垂直于水平面，有一个直径很大的圆形工作台用来装夹工件。这类车床主要用于加工径向尺寸大、轴向尺寸相对较小的大型复杂零件。

2）按刀架数量分类。

（1）单刀架数控车床。

数控车床一般都配置有各种形式的单刀架，如四工位卧式自动转位刀架或多工位转塔式自动转位刀架。

（2）双刀架数控车床。

这类车床的双刀架配置平行分布，也可以是相互垂直分布。

3）按功能分类。

（1）经济型数控车床。

图 3-1 所示为采用步进电动机和单片机对普通车床的进给系统进行改造后形成的经济型数控车床，成本较低，但自动化程度和功能较差，车削加工精度也不高，适用于要求不高的向转类零件的车削加工。

（2）普通数控车床。

根据车削加工要求在结构上进行专门设计并配备通用数控系统而形成的数控车床，如图 3-2 所示。其数控系统功能强，自动化程度和加工精度也较高，适用于一般可转类零件的车削加工。这种数控车床可同时控制两个坐标轴，即 X 轴和 Z 轴。

图 3–1 经济型数控车床

图 3–2 普通数控车床

（3）车削加工中心。

如图 3-3 所示，在普通数控车床的基础上，车削加工中心增加了 C 轴和动力头，更高级的数控车床带有刀库，可控制 X、Z 和 C 3 个坐标轴，联动控制轴可以是（X，Z）、（X，C）或（Z，C）。由于增加了 C 轴和铣削动力头，这种数控车床的加工功能大大增强，除可以进行一般车削外，还可以进行径向和轴向铣削，曲面铣削，以及中心线不在零件回转中心的孔和径向孔的钻削等加工。

图 3–3　车削加工中心

五、数控车床的结构

数控车床一般由数控装置、主轴模块、进给驱动模块、卡盘刀架及尾座等组成。其中，数控装置是车床最重要的部分。数控车床结构组成如图 3-4 所示。

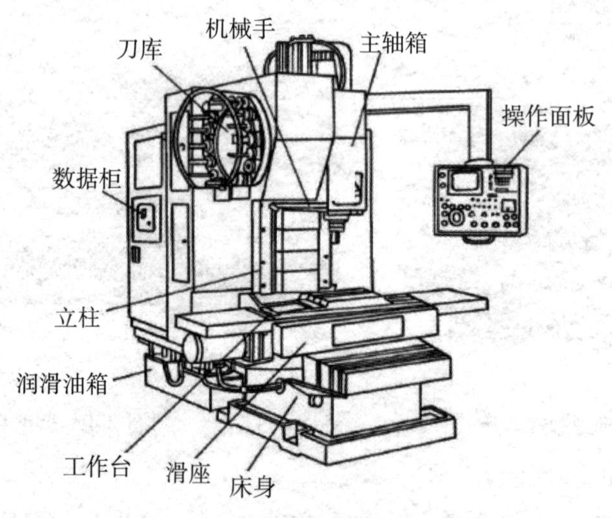

图 3–4　数控车床结构组成

1）数控装置。

数控装置是数控车床的核心与主导结构，完成所有加工数据的处理和计算工作，最终实现对数控车床各功能的指挥。数控装置的操作部分由编程区、操作区和显示屏组成，如图 3-5 所示。

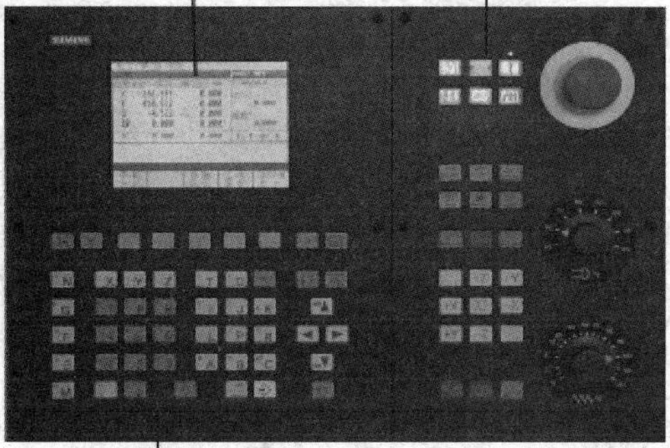

显示屏　编程区

操作区

图 3–5 数控装置的操作面板

2）主轴模块。

数控车床的主传动系统一般采用直流和交流无级调速电机，通过带传动带动主轴旋转，实现自动无级调速及恒线速度控制，而起机械传动变速和变向作用的机构已不复存在。对于改造式（具有手动操作和自动控制加工双重功能）数控车床，则基本上保留其原有的主轴箱。

数控车床主轴的回转精度，直接影响零件的加工精度；其功率、回转速度，影响加工的效率；其同步运行、自动变速及定向准停等要求，影响车床的自动化程序。车床的主传动由交流变频电机经 V 带传至主轴箱，通过主轴箱内的齿轮传至主轴，主轴转速靠液压缸及变频电动机实现变速。

3）进给驱动模块。

数控车床的进给驱动模块包括滚珠丝杠副和车床导轨。滚珠丝杠副由丝杠、螺母、滚珠等零件组成。由伺服电动机直接带动旋转或通过同步带带动旋转。其中，横向进给传动系统带动刀架做横向（*X* 轴）移动，控制工件的径向尺寸；纵向装置带动刀架做轴向（*Z* 轴）运动，控制工件的轴向尺寸。滚珠丝杠副如图 3-6 所示。其优点是摩擦阻力小，可消除轴向间隙，可预紧，故传动效率及精度高，运行稳定，动作灵敏。但其结构复杂，制造技术要求较高，故成本也较高。另外，自行调整其间隙大小时，难度也较大。

图 3–6 滚珠丝杠副

数控车床的导轨是保证进给运动准确性的重要部件。它在很大程度上影响车床的刚度、精度及低速进给时的平稳性，是影响零件加工质量的重要因素之一。数控车床的导轨分为滑动导轨和滚动导轨两种(图 3-7)。目前，只有少部分数控车床仍沿用传统的金属型滑动轨道，大部分车床已采用贴塑导轨。这种新型滑动导轨的摩擦因数小，耐磨性、耐蚀性及吸振性好，润滑条件也较优越，滚动导轨的摩擦因数小，运动轻便，位移精度和定位精度高，耐磨性好，抗震性较差，结构复杂，防护要求高。

（a）　（b）

图 3–7 导轨

（a）滑动导轨；（b）滚动导轨

4）卡盘。

经济型数控车床的卡盘与普通车床的卡盘基本一样，靠机械力来夹紧；全功能数控车床采用液压卡盘，靠液压动力夹持加工零件（图 3-8）。液压卡盘主要由固定在主轴后端的液压缸和固定在主轴前端的卡盘两部分组成。其夹紧力的大小通过调节液压系统的压力进行控制，具有结构紧凑、动作灵敏以及能提供较大夹紧力的特点。

（a）

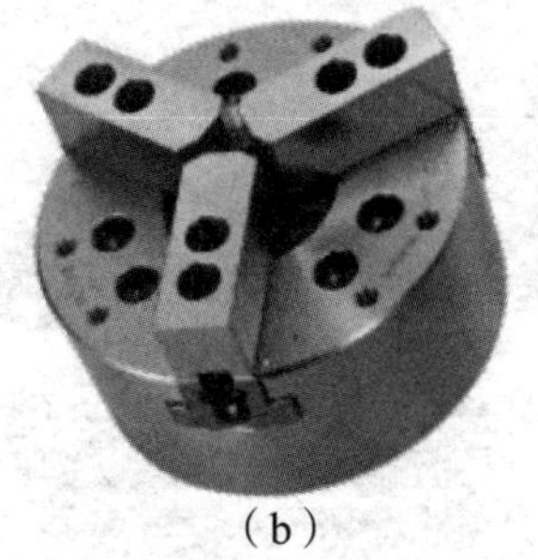

（b）

图 3–8　三爪卡盘

（a）经济型数控车床卡盘；（b）全功能数控车床卡盘

5）刀架。

数控车床的刀架有电动四方刀架和电动回转刀架等（图 3-9）。一般来说，经济型数控车床采用电动四方刀架，全功能型数控车床采用电动回转刀架。

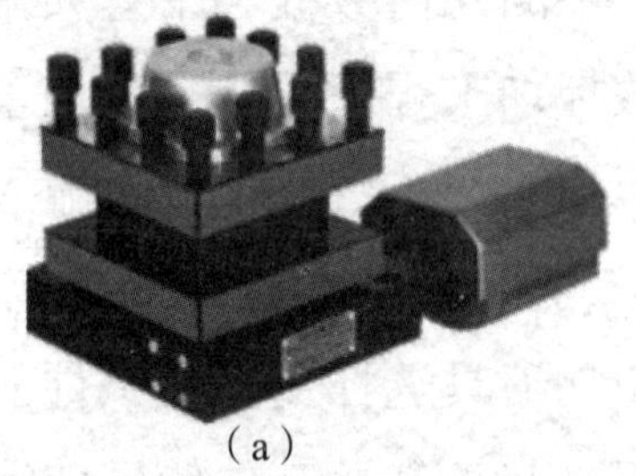

（a）

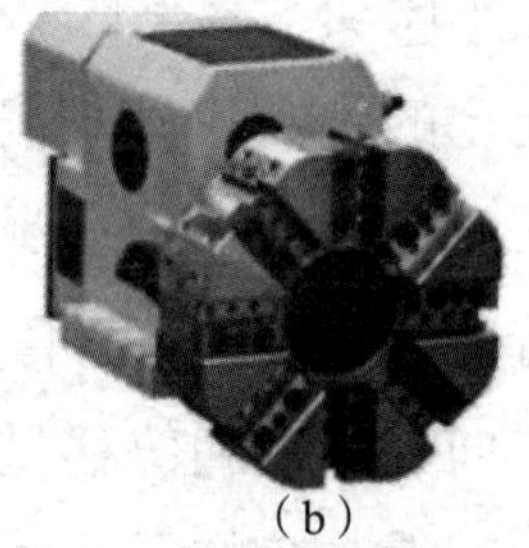

（b）

图 3–9　车床刀架

（a）电动四方刀架；（b）电动回转刀架

6）尾座。

在数控车床加工长轴类零件时需要使用尾座。一般来说，车床尾座分为手动尾座和可编程尾座两种（图 3-10）。尾座套筒的动作与主轴互锁，即在主轴转动时，按尾座套筒退出按钮，尾座套筒不做动作，只有在主轴处于停止状态下，尾座套筒才能退出，以保证安全。

（a）　　　　　（b）

图 3–10　可编程尾座

（a）手动尾座；（b）可编程尾座

六、数控车床的工作原理

数控车床加工零件时，首先必须将工件的几何数据和工艺数据等加工信息按规定的代码和格式编制成零件的数控加工程序，这是数控车床的工作指令。将加工程序用适当的方法输入数控系统，数控系统对输入的加工程序进行数据处理，输出各种信息和指令，控制车床主运动的变速、启停、进给的方向、速度和位移量，以及其他（如刀具选择交换、工件的夹紧松开、冷却润滑系统的开关等）动作，使刀具与工件及其他辅助装置严格地按照加工程序规定的顺序、轨迹和参数进行工作，数控车床的运行处于不断地计算、输出、反馈等控制过程中，以保证刀具和工件之间相对位置的准确性，从而加工出符合要求的零件。

第二节　数控车床面板功能

以下以华中世纪星数控系统为例进行讲解。

一、数控系统面板

华中世纪星数控系统面板如图 3-11 所示。

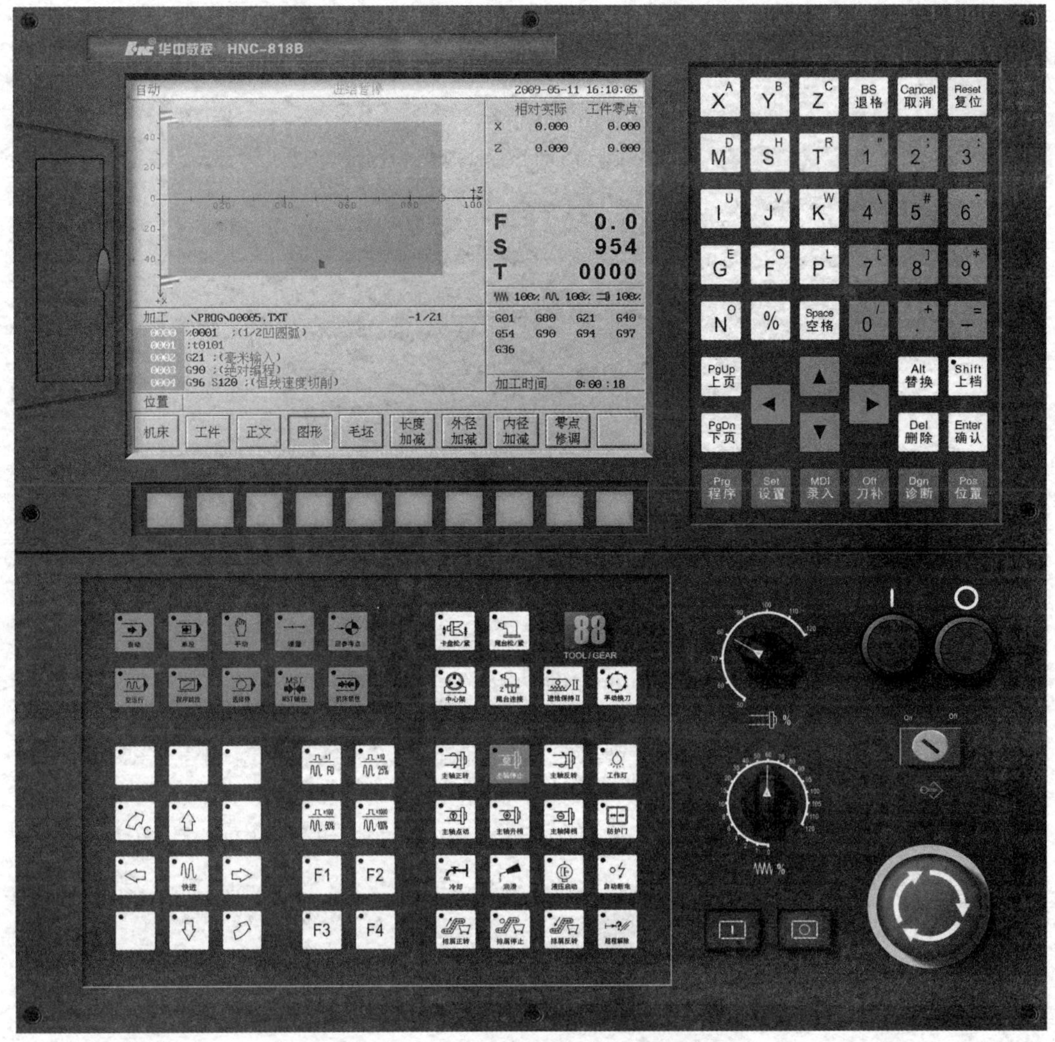

图 3–11　华中世纪星数控系统操作面板

二、软件操作面板

华中世纪星 HNC-21T 系统的软件操作界面如图 3-12 所示。其界面由以下部分组成。

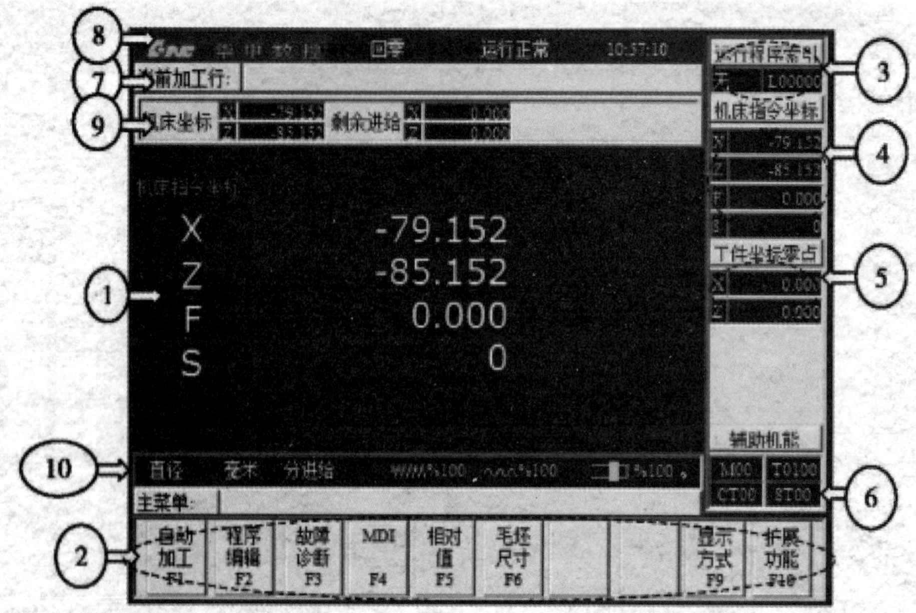

1—图形显示窗口；2—菜单命令条；3—运行程序索引；4—选定坐标系下的坐标值；
5—工件坐标零点；6—辅助功能；7—当前加工程序行；
8—当前加工方式、系统运行状态及当前时间；9—机床坐标、剩余进给；
10—直径 / 半径编程、公制 / 英制编程、每分进给 / 每转进给、快速修调、进给修调、主轴修调。

图 3-12　华中世纪星 HNC-21T 系统软件操作界面

①图形显示窗口。可根据需要，用功能键 F9 设置窗口的显示内容。

②菜单命令条。通过菜单命令条中的功能键 F1~F10 来完成系统功能的操作。

③运行程序索引。自动加工中的程序名和当前程序段行号。

④选定坐标系下的坐标值。坐标系可在机床坐标系、工件坐标系、相对坐标系之间切换；显示值可在指令位置、实际位置、剩余进给、跟踪误差、负载电流、补偿值之间切换。

⑤工件坐标零点。工件坐标系零点在机床坐标系中的坐标。

⑥辅助功能。自动加工中的 M、S、T 代码。

⑦当前加工程序行。当前正在或将要加工的程序段。

⑧当前加工方式、系统运行状态及当前时间。系统工作方式可根据车床控制面板上相应按键的状态在自动运行、单段运行、手动、增量、回零、急停、复位等之间切换；系统工作状态在运行正常和出错之间切换；系统时钟显示当前系统时间。

⑨机床坐标、剩余进给。机床坐标显示刀具当前位置在机床坐标系下的坐标；剩余进给指当前程序段的终点与实际位置之差。

⑩直径 / 半径编程、公制 / 英制编程、每分进给 / 每转进给、快速修调、进给修调、主轴修调。

操作界面中最重要的板块是菜单命令条。系统功能的操作主要通过菜单命令条中的功能键 F1~F10 来完成。由于每个功能包括不同的操作，菜单采用层次结构，即在主菜单下选择一个菜单项后，数控装置会显示该功能下的子菜单。因此，用户可根据该子菜单的内容选择所需的操作，如图 3-13 所示。当要返回主菜单时，按子菜单下的 F10 键即可。

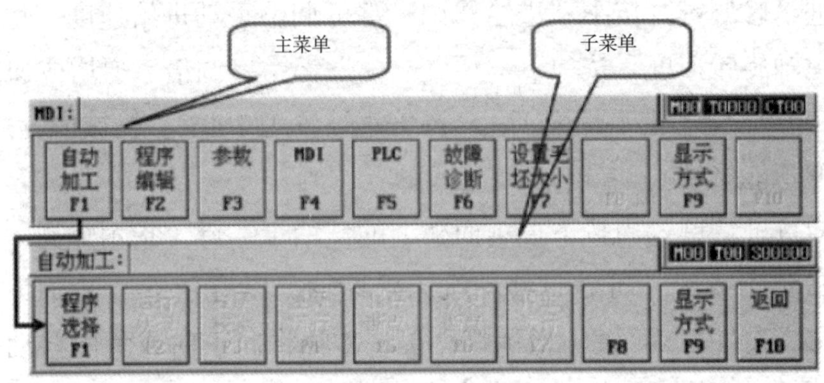

图 3-13　菜单层次

三、车床控制面板

车床手动操作主要靠车床控制面板来完成。车床控制面板如图 3-14 所示。

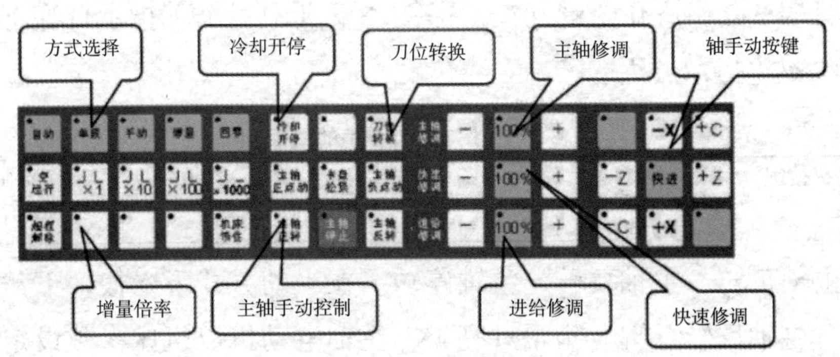

图 3-14　车床控制面板

①手动键。按下“手动”键（指示灯亮），系统处于手动运行方式，可点动移动机床坐标轴。

②快进键。手动进给时，若同时按下“快进”键，则产生相应轴的正向或负向快速运动。

③方向键。以移动 X 轴为例，当按下“+X”或“–X”键，X 轴将产生正向或负向连续移动；松开“+X”或“–X”键，X 轴即停止移动。用同样的操作方法，可使 Z 轴产生正向或负向连续移动。在手动（快速）运行方式下，同时按下 *X*、*Z* 方向的轴手动按键，能同时手动控制 *X*、*Z* 坐标轴连续移动。

④进给修调键。按下“进给修调”键可调整手动进给速度、快速进给速度、主轴旋转速度。按一下“+”或“–”键，修调倍率递增或递减 2%，按下“100%”键（指示灯亮），修调倍率被置为 100%。机械齿轮换挡时，主轴速度不能修调。

⑤增量进给键。当按下控制面板上的“增量”键（指示灯亮），系统处于增量进给方式，可增量移动机床坐标轴。以增量进给 X 轴为例，按一下“+X”或“–X”键（指示灯亮），X 轴将向正向或负向移动一个增量值，再按一下键，X 轴将继续移动一个增量值。用同样的操作方法，可使 Z 轴向正向或负向移动一个增量值。同时，按下 X、Z 方向的轴手动键，能同时增量进给 *X*、*Z* 坐标轴。

⑥增量值选择。增量进给的增量值由车床控制面板的“×1”“×10”“×100”“×1000”4 个增量倍率按键控制。增量倍率键和增量值的对应关系见表 3–1。这几个键互锁，即按一下其中一个（指示灯亮），其余几个会失效（指示灯灭）。

表 3–1 按键和增量值的关系

增量倍率按键	×1	×10	×100	×1000
增量值 / mm	0.001	0.01	0.1	1

⑦主轴正转、主轴反转、主轴停转。在手动方式下，按一下“主轴正转”或“主轴反转”键（指示灯亮），主轴电动机以机床参数设定的转速正转或反转，直到按下“主轴停止”键。

⑧在手动方式下可用主轴正点动、主轴负点动按键点动转动主轴。按下主轴正点动或主轴负点动按键指示灯亮，主轴将产生正向或负向连续转动；松开主轴正点动或主轴负点动按键指示灯灭。在手动方式下按下“卡盘松紧”键，松开工件（默认为夹紧）可进行更换工件操作，再按一下为夹紧工件，可进行工件加工操作。

⑨空运行。在“自动方式”下，按下“空运行”键，车床处于空运行状态，程序中编制的进给速率被忽略，坐标轴按照最大快移速度移动。

⑩机床锁住键。在手动运行方式下或在自动加工前，按下“机床锁住”键（指示灯亮），此时再进行手动操作或按“循环启动”键让系统执行程序，显示屏上的坐标轴位置信息变化，但不输出伺服轴的移动指令。“机床锁住”键在自动加工过程中按下无效，每次执行此功能后要再次进行返回参考点操作。

⑪ 刀位转换。在手动方式下，按一下“刀位选择”键，系统会预先计数，转塔刀架将转动一个刀位；以此类推，按几次“刀位选择”键，系统就预先计数，转塔刀架将转动几个刀位。接着按“刀位转换”键，转塔刀架才真正转动至指定的刀位。

⑫ 冷却启动与停止。在手动方式下，按一下“冷却开停”键，冷却液开（默认值为冷却液关），再按一下为冷却液关，如此循环。

⑬ 自动。当工件已装夹好，对刀已完成，程序调试没有错误后按此键，系统进入自动运行状态。

⑭ 循环启动。自动加工模式中，按下“循环启动”键后，程序即开始执行。

⑮ 进给保持。自动加工模式中，按下“进给保持”键后，车床各轴的进给运动停止，S、M、T 功能保持不变。若要继续加工，则按下“循环启动”键。

⑯ 单段。自动加工模式中单步运行，即每执行一个程序段后程序暂停执行下一个程序段，当再按一次“循环启动”键后程序再执行一个程序段。该功能常用于初次调试程序，它可减少因编程错误而造成的事故。

⑰ 超程解除。

⑱ 返回机床参考点。

第三节　数控车床坐标系及手动数据输入操作

一、机床坐标系

数控车床出厂时，制造厂家在车床上设置了一个固定的点，以这一点为坐标原点而建立的坐标系，称为机床坐标系。它是用来确定工件坐标系的基本坐标，是车床本身所固有的坐标系。

我国颁布了国家标准《工业自动化系统与集成 机床数值控制 坐标系和运动命名》（GB/T 19660—2005），该标准与 ISO 841 等效。其命名原则和规定如下。

①刀具相对静止而工件运动的原则。

②机床坐标系的规定。基本坐标轴 X、Y、Z 关系及其正方向用右手直角笛卡尔定则确定，即大拇指的方向为 X 轴的正方向，食指的方向为 Y 轴的正方向，中指的方向为 Z 轴的正方向。

③正方向的规定。增大刀具与工件之间距离的方向为坐标正方向。

二、数控车床坐标系的建立方法

数控车床的坐标系一般有以下两种建立方法。

①刀架和操作者在同一侧，X 轴的正方向指向操作者。它适用于平床身（水平导轨）卧式数控车床。

②刀架和操作者不在同一侧，X 轴的正方向背向操作者。它适用于斜床身和平床身斜滑板（斜导轨）的卧式数控车床。

三、机床原点、机床参考点

1）机床原点。

在数控车床经过设计、制造和调整后，这个原点便被确定下来，它是车床上固定的一个点。

2）机床参考点。

数控装置通电时，并不知道机床零点位置，为了正确地在车床工作时建立机床坐标系，通常在每个坐标轴的移动范围内（一般在 X 轴和 Z 轴的正向最大行程处）设置一个机床参考点（测量起点）。

四、手动移动机床坐标轴

1）点动进给。

①按下“手动”键（指示灯亮），系统处于点动运行方式。

②选择进给速度。

③按住“+X”或“–X”键（指示灯亮），X 轴产生正向或负向连续移动；松开“+X”或“–X”键（指示灯灭），X 轴停止移动。

④依同样方法，按下“+Z”“–Z”键，使 Z 轴产生正向或负向连续移动。

2）点动快速移动。

在点动进给时，首先按下“快进”键，然后再按坐标轴按键，则该轴将产生快速运动。

（1）进给速度的大小。

点动进给速率为系统参数“最高快移速度”的 1/3 乘以进给修调选择的进给倍率。

快速移动的进给速率为系统参数“最高快移速度”乘以快速修调选择的快移倍率。

（2）进给速度选择。

按下进给修调或快速修调右侧的“100%”键（指示灯亮），进给修调或快速修调倍率被置为 100%；

按下“+”键，修调倍率递增 10%；按下“–”按键，修调倍率递减 10%。

3）手轮进给。

按下“增量”键（指示灯亮），系统处于手轮进给运行方式；通过手轮工的轴向选择旋钮，可选择轴向运动。顺时针转动“手轮脉冲器”，轴正向移动；反之，则轴负向移动。通过选择脉冲动量 ×1、×10、×100 来确定进给速度。

4）手动控制主轴。

（1）主轴正反转及停止。

①确保系统处于手动方式下。

②设定主轴转速。

③按下“主轴正转”键（指示灯亮），主轴以机床参数设定的转速正转；按下“主轴反转”键（指示灯亮），主轴以机床参数设定的转速反转；按下“主轴停止”键（指示灯亮），主轴停止运转。

（2）主轴速度修调。

主轴正转及反转的速度可通过主轴修调调节：按下主轴修调右侧的“100%”键（指示灯亮），主轴修调倍率被置为 100%；按下“+”键，修调倍率增加 10%；按下“–”键，修调倍率递减 10%。

5）刀位选择和刀位转换。

①确保系统处于手动方式下。

②按下“刀位选择”键，即可选择所使用的刀。这时，显示窗口右下方的“辅助机能”里会显示当前所选中的刀号。如图 3-15 所示，选择的刀号为“ST01”。

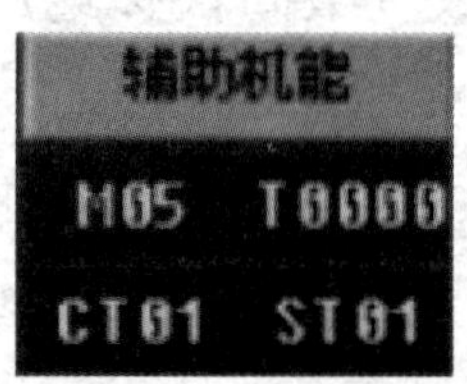

图 3–15 刀位选择

③按下“刀位转换”键，转塔刀架转到所选的刀位。

6）机床锁住。

在手动运行方式下，先按下“机床锁住”键，再进行手动操作，系统执行命令，显示屏上的坐标轴位置信息变化，但车床不动。

7）手动数据输入（MDI）运行。

（1）进入 MDI 运行方式。

在系统控制面板上，按下主菜单（图 3-16）中左数第 4 个按键——

“MDI F4”键，进入 MDI 功能子菜单。

图 3-16　主菜单

在 MDI 功能子菜单（图 3-17）下，按下左数第 6 个按键——“MDI 运行 F6”键，进入 MDI 运行方式。

图 3-17　子菜单

这时，即可在 MDI 一栏后的命令行内输入 G 代码指令段。

（2）输入 MDI 指令段。

MDI 运行方式有以下两种输入方式。

①一次输入多个指令字。

②多次输入，每次输入一个指令字。

例如，要输入“G00　X100　Z100”，可以直接在命令行输入“G00　X100　Z100”，然后按“Enter”键。这时，显示窗口内 X、Z 值变为“100,100”。

或者在命令行先输入“G00”，按“Enter”键，显示窗口内显示“00”；再输入“X100”按“Enter”键，显示窗口内 X 值变为“100”；最后输入“Z100”，然后按“Enter”键，显示窗口内 Z 值变为“100”。

在输入指令时，可在命令行看见当前输入的内容，在按“Enter”键之前发现输入错误，可用“BS”键将其删除。在按下“Enter”键后发现输入错误或需要修改，只需重新输入一次指令，新输入的指令就会自动覆盖旧的指令。

（3）运行 MDI 指令段。

输入完成一个 MDI 指令段后，按下操作面板上的“循环启动”键，系统就开始运行所输入的指令。

第四节　程序概述

一、指令字的格式

一个指令字是由地址符（指令字符）和带符号（如定义尺寸的字）或不带符号（如准备功能字 G 代码）的数字数据组成的。

程序段中不同的指令字符及其后续数值确定了每个指令字的含义。在数控程序段中，包含的主要指令字符见表 3-2。

表 3–2　指令字符一览表

机能	地址	意义及数据范围
零件程序号	%	程序编号 %1~294967295
程序段号	N	程序段编号 N0~4294967295
准备机能	G	指令动作方式（直线、圆弧等）G00~99
尺寸字	X，Y，Z	坐标轴的移动命令 ± 99999.999
	A，B，C	
	U，V，W	
	R	圆弧的半径，固定循环的参数
	I，J，K	网心相对于起点的坐标，固定循环的参数
进给速度	E	进给速度的指定 F0~24000
主轴机能	S	主轴旋转速度的指定 S0~9999
刀具机能	T	刀具编号的指定
辅助机能	M	机床侧开 / 关控制的指定 M0~99
补偿号	D	刀具半径补偿号的指定 00~99
暂停	P，X	暂停时间的指令（秒）
程序号的指令	N	子程序号的指定 P1~4294967295
重复次数	L	子程序的重复次数，固定循环的重复次数
参数	P，Q，R，U，W，I，K，C，A	车削复合循环参数

二、程序段的格式

一个程序段定义一个将由数控装置执行的指令行。

程序段的格式定义了每个程序段中功能字的句法，如图 3-18 所示。

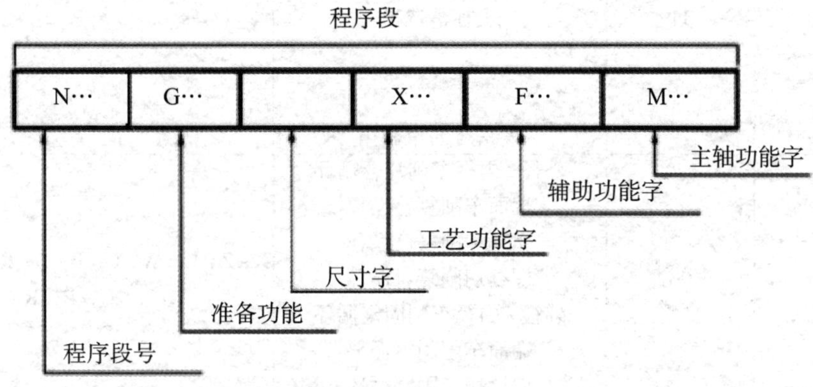

图 3-18　程序段格式

①地址 N 为程序段号。现代 CNC 系统中，很多都不要求段号，即程序段号可有可无。

②地址 G 为准备功能指令，由字母 G 和其后的 1~3 位数字组成，见表 3–3。常用的有 G00~G99，很多现代 CNC 系统的准备功能已扩大至 Gl50。准备功能的主要作用是指定机床的运动方式，为数控系统的插补运算做准备。

表 3–3　准备功能一览表

G 代码	组	功能	参数（后续地址字）
G00	01	快速定位	X，Z
G01		直线插补	同上
G02		顺圆弧插补	X，Z，I，J，K
G03		逆圆弧插补	同上
G04	00	暂停	P
G20	08	英寸输入	X，Z
G21		毫米输入	同上
G28	00	返回到参考点	—
G29		由参考点返回	
G32	01	螺纹切削	X，Z，R，E，P，F
G36	17	直径编程	—
G37		半径编程	

续表

G 代码	组	功能	参数（后续地址字）
G40	09	刀尖半径补偿取消	
G41		左刀补	T
G42		右刀补	T
G54	11	坐标系选择	—
G55			
G56			
G57			
G58			
G59			
G65		宏指令简单调用	P，A-Z
G71	06	外径 / 内径车削复合循环	X，Z，U，W，C，P，Q，R，EX，Z，I，K，C，P，R，E
G72		端面车削复合循环	
G73		闭环车削复合循环	
G76		螺纹切削复合循环	
G80		外径 / 内径车削固定循环	
G81		端面车削固定循环	
G82		螺纹切削固定循环	
G90	13	绝对编程	—
G91		相对编程	
G92	00	工件坐标系设定	X，Z
G94	14	每分钟进给	—
G95		每转进给	
G96 G97	16	恒线速度切削	S

③地址 X、Y、Z 为尺寸指令，表示机床上刀具运动到达的坐标位置或转角。尺寸单位有公制、英制之分。

④地址 F 为工艺功能指令。

⑤地址 M 为辅助功能指令，由字母 M 和其后的两位数字组成，即 M00~M99，共 100 种。常用的 M 指令见表 3-4。

表 3–4　M 代码及功能

代码	模态	功能说明	代码	模态	功能说明
M00	非模态	程序停止	M03	模态	主轴正转启动
M02	非模态	程序结束	MOA	模态	主轴反转启动
M30	非模态	程序结束并返回程序起点	M05	模态	主轴停止转动
			M07	模态	切削液打开
M98	非模态	调用子程序	M08	模态	切削液打开
M99	非模态	子程序结束	M09	模态	切削液停止

⑥地址 S 为主轴功能指令。

转速单位为 r/min。

三、程序的一般结构

一个零件程序必须包括起始符和结束符。

一个零件程序是按程序段的输入顺序执行的，而不是按程序段号的顺序执行的。但在书写程序时，建议按升序书写程序段号。

华中世纪星数控系统 HNC-21T 的程序结构如图 3-19 所示。

程序起始符：%（或 O）符，%（或 O）后跟程序号。

程序结束：M02 或 M30。

注释符：括号“（）”内或分号“；”后的内容为注释文字。

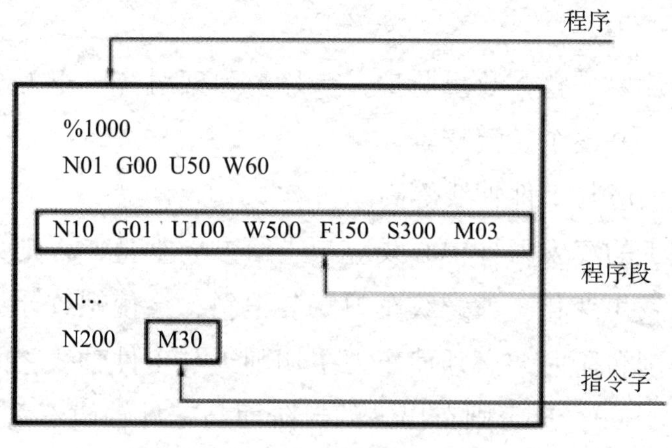

图 3-19 程序的结构

四、程序的文件名

CNC 装置可装入许多程序文件，以磁盘文件的方式读写。文件名格式如下（有别于 DOS 的其他文件名）：O××××（地址 O 后面必须有 4 位数字或字母）。

本系统通过调用文件名来调用程序，并进行加工或编辑。

第五节　数控车床对刀及校刀操作

一、数控车床刀具的安装

装刀和对刀是数控车床加工操作中非常重要和复杂的一项基本工作。装刀与对刀的精度将直接影响加工程序的编制和零件的尺寸精度。下刀安装正确与否，将直接影响切削能否顺利进行和工件的加工质量。因此，安装刀具时，应注意以下 4 个问题。

①车刀安装在刀架上，伸出部分不宜太长，一般伸出量为刀杆高度的 1.5~2 倍。伸出过长会使刀杆刚性变差，切削时易产生振动，影响工件的表面粗糙度。

②车刀垫片要平整，数量要少，垫片与刀架对齐。车刀至少要用螺钉压紧在刀架上，并逐个轮流拧紧。

③车刀刀尖应与工件轴线等高。

④外形加工的车刀刀杆中心线应与进给方向垂直，否则会使主偏角和副偏角的数值发生变化。如螺纹车刀安装歪斜，会使螺纹牙型半角产生误差。用偏刀车削台阶时，必须使车刀主切削刃与工件轴线之间的夹角在安装后等于或大于 90°，否则车出来的台阶面与工件轴线不垂直。

二、工件坐标系

1. 工件坐标系的概念

工件坐标系又称编程坐标系，是编程人员为方便编写数控程序而建立的坐标系。它一般建立在工件上或零件图样上。

2. 工件坐标系建立的原则

工件坐标系的建立有一定的原则，否则无法编写数控加工程序或编写的数控程序无法加工。具体要求有以下两个方面。

（1）工件坐标系方向的设定。

工件坐标系的方向必须与采用的数控机床坐标系方向一致。在卧式数控车床上加工工件，工件坐标系Z轴正向应向右，X轴正向向上或向下（前置刀架向下，后置刀架向上），与卧式数控·车床机床坐标系一致。

（2）工件坐标系原点位置的设定。

工件坐标系的原点又称工件原点或编程原点。理论上编程原点的位置可任意设定，但为方便对刀及求解工件轮廓上的基点坐标，尽量选择在工件的设计基准和工艺轴线上。对数控车床，常按以下要求进行设置。

①X轴零点设置在工件轴线上，数控车床默认为直径编程，故一般采用直径编程。如用半径编程，需用指令转换。

②Z轴零点设置在工件右端面上，也可设置在工件左端面上。

三、对刀点和换刀点

对刀点是数控加工中刀具相对于工件运动的起点。它是零件加工程序的起始点，故对刀点也称“程序起点”。对刀的目的是确定工件原点在机床坐标系中的位置，以及工件坐标系与机床坐标系的关系。

对刀点可设在工件上，并与工件原点重合，也可设在工件任何便于对刀之处，但该点与工件原点之间必须有确定的坐标系联系。一般情况下，对刀点既是加工程序执行的起点，也是加工程序执行的终点。

车床刀架的换刀点是指刀架转位换刀时所在的位置。换刀点的位置可以是固定的，也可以是任意一点。它的设计原则是刀架转位时不碰撞工件和车床上其他部件，通常与刀具起始重合。

四、对刀原理

刀补值的测量过程，称为对刀操作。常见的对刀方法有两种：试切法对刀和对刀仪对刀。对刀仪分机械检测对刀仪和光学检测对刀仪。各类数控车床的对刀方法各有差异，但其原理和目的是一致的，即通过对刀操作，将刀补值测出后输入CNC系统，加工时系统根据刀补值自动补偿两个方向的刀偏量，使零件加工程序不因刀具安装位置（刀位点）的不同而给切削带来的影响。

五、校刀程序

新建一个程序，输入：

T0101；（调用 1 号刀及 1 号刀补）

G01X（直径值）Z10 F200；（刀具到达外圆延长线 10 mm 地方；进给速度每分钟 200 mm）

按循环启动键运行程序，程序结束后，观察刀具位置以及显示的绝对坐标。若正确，则对刀正确；否则，应查找原因重新对刀。

六、外圆刀试切对刀操作

以下以华中世纪星数控系统为例进行讲解。

MDI 工作模式下输入 M03S500 指令，按循环启动键，使主轴转动（或手动方式下按主轴正转按钮，使主轴转动）。

（1）*Z* 向对刀。

在手动/增量方式下，用外圆车刀先试切端面（倍率调 ×10）（图 3-20），向 *X* 正向退出工件表面（*Z* 轴保持不变），按 F4（刀具补偿）→F4（刀偏表）→光标移至 #0001 行的“试切长度”→“Enter”→输入“0”→“Enter”（图 3-21），刀具“Z”补偿值即自动输入形状中。

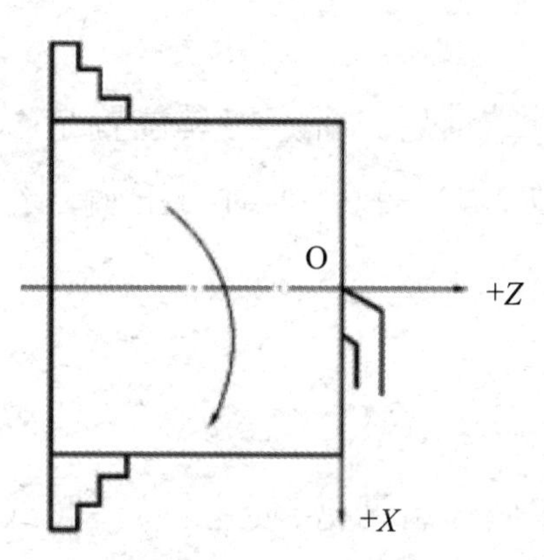

图 3-20　外圆刀 Z 轴对刀示意图

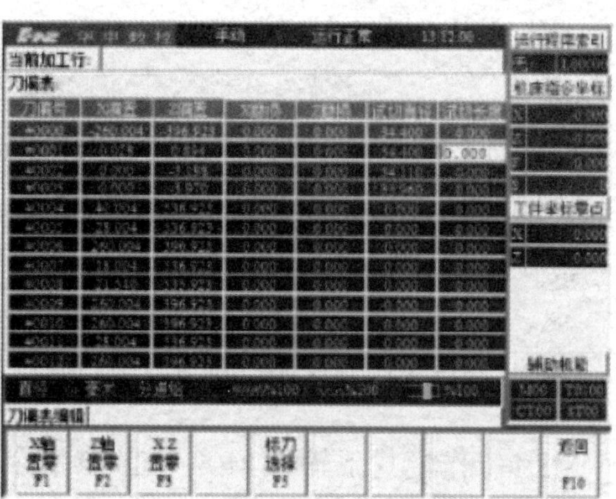

图 3-21　Z 向刀具补偿操作界面

（2）X 向对刀。

用外圆车刀再试切外圆（倍率 ×10）（图 3-22），Z 正向退刀（X 保持不变），停车测量外圆直径后，若直径值为“28.25”，按 F4（刀具补偿）→ F4（刀偏表）→光标移至 #0001 的“试切直径 Enter”→输入“28.25”→“Enter”（图 3-23），刀具“X”补偿值即自动输入形状中。

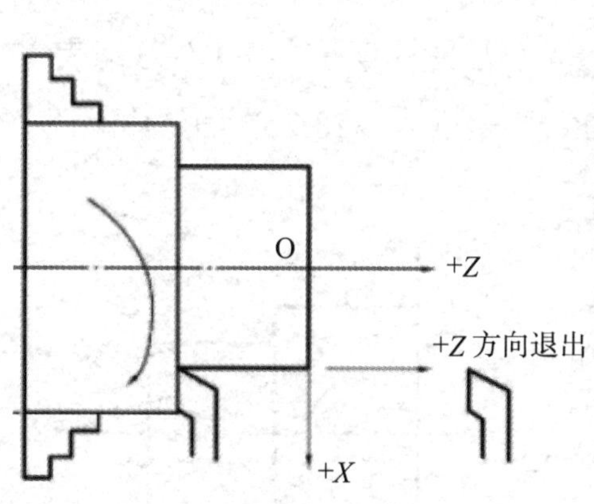

图 3-22　外圆刀 X 轴对刀示意图

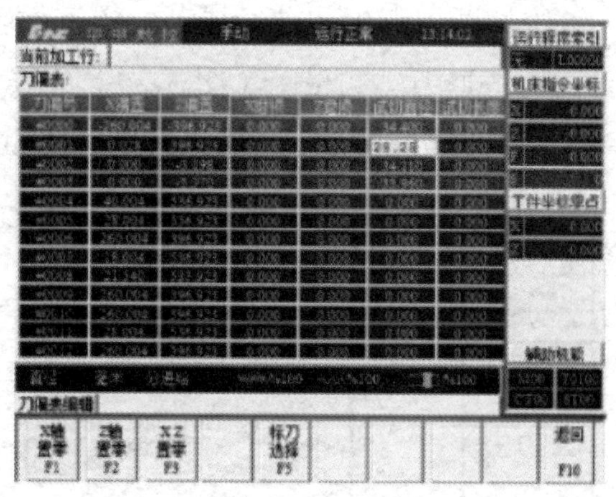

图 3-23　X 向刀具补偿操作界面

（3）校刀。

刀具退回换刀点，新建程序输入检测程序：

%1233;

T0101;

G01 X28.2575F200;

M30;

按循环启动键，运行检测程序。程序运行结束后，观察刀具位置是否正确，以及是否与屏幕上显示的绝对坐标一致。如一致，则对刀正确；若不一致，则查找原因，重新对刀。

七、切断刀对刀操作

MDI工作模式下输入M03　S500指令，按循环启动键，使主轴转动(或手动方式下按主轴正转按钮，使主轴转动）。

（1）Z 向对刀。

在手动/增量方式下，用切断刀左刀尖和已经加工好的工件有端面轻轻接触（图3-24），按F4（刀具补偿）→F4（刀偏表）→光标移至#0002行的“试切长度”→“Enter”→输入“0”→“Enter”，刀具“Z”补偿值即自动输入形状中。

（2）X 向对刀。

用切断刀刀尖和已经加工好的工件轻轻接触（如接触过多可按外圆车刀试切法退刀、测量）（图3-25），按F4（刀具补偿）→F4（刀偏表）→光标移至#0002的“试切直径”→“Enter”→输入“28.25”→“Enter”，刀具“X”补偿值即自动输入形状中。

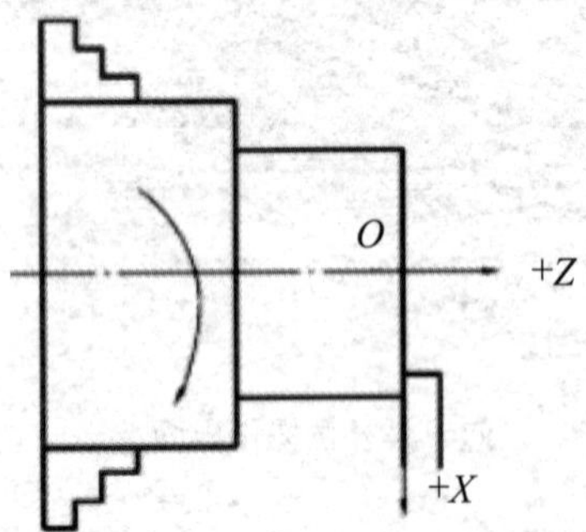

图3–24　切断刀 Z 轴对刀示意图

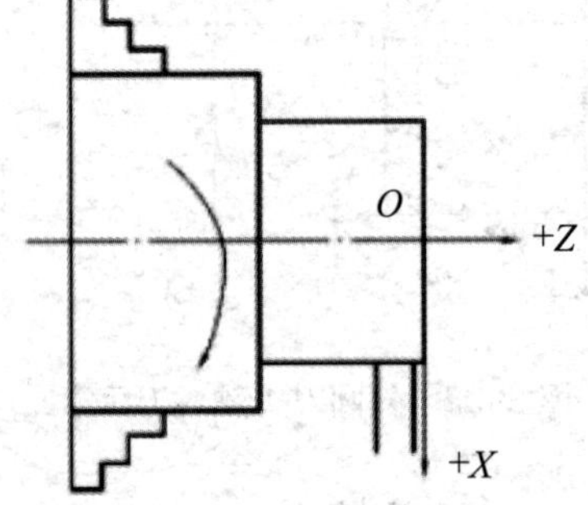

图3–25　切断刀 X 轴对刀示意

（3）校刀。

刀具退回换刀点，新建程序输入检测程序：

```
%1234;
T0202;
G01 X28.25 Z5 F200;
M30;
```

按循环启动键，运行检测程序。程序运行结束后，观察刀具位置是否正确，以及是否与屏幕上显示的绝对坐标一致。如一致，则对刀正确；若不一致，则查找原因，重新对刀。

八、外螺纹刀对刀操作

MDI 工作模式下输入 M03S500 指令，按循环启动键，使主轴转动（或手动方式下按主轴正转按钮，使主轴转动）。

（1）*Z* 向对刀。

在手动 / 增量方式下用外螺纹车刀刀尖停在端面的延长线上（图 3-26），按 F4（刀具补偿）→F4（刀偏表）→光标移至 #0003 行的“试切长度”→“Enter”→输入“0”→“Enter”，刀具“Z”补偿值即自动输入形状中。

（2）*X* 向对刀。

用外螺纹车刀刀尖和已经加工好的外圆轻轻接触（如接触过多可按外圆车刀试切法，退刀、测量）（图 3-27），按 F4（刀具补偿）→F4（刀偏表）→光标移至 #0003 的“试切直径”→Enter”→输入“28.25”→“Enter”，刀具“X”补偿值即自动输入形状中。

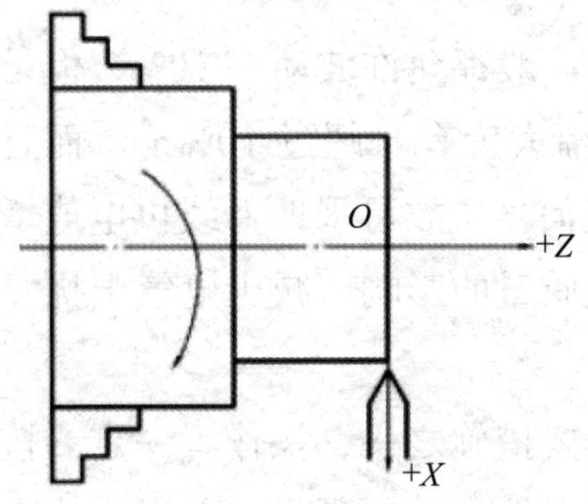

图 3-26　螺纹刀 *Z* 轴对刀示意图

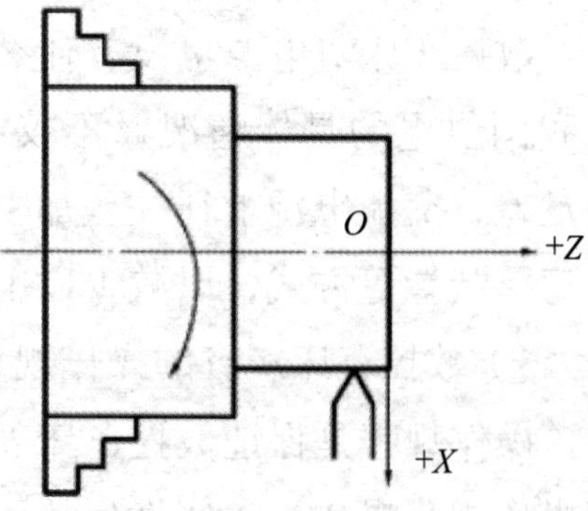

图 3-27　螺纹刀 *X* 轴对刀示意图

（3）校刀。

刀具退回换刀点，新建程序输入检测程序：

%1235；

T0303；

G01 X28.25 Z5 F200；

M30；

按循环启动键，运行检测程序。程序运行结束后，观察刀具位置是否正确，以及是否与屏幕上显示的绝对坐标一致。如一致，则对刀正确；若不一致，则查找原因，重新对刀。

第六节 数控车床维护保养及常见故障处理

一、数控车床使用中应注意的问题

1）数控车床的使用环境。

一般来说，数控车床的使用环境没有什么特殊要求，可同普通车床一样放在生产车间里，但要避免阳光直接照射和其他热辐射，避开太潮湿或粉尘较多的场所，特别要避开有腐蚀性气体的场所。腐蚀性气体最容易使电子元件腐蚀变质，使电子元件接触不良或造成元件间短路，影响车床正常运行。要远离振动大的设备，如压力机、锻压设备等。

2）电源要求。

数控车床对电源也没有什么特殊要求，一般都允许波动 ±10%，但是因我国供电的具体情况，不仅电源波动振幅大（有时超过 10%），而且质量差，交流电源上往往叠加一些高频杂波信号，故可采取专线供电或增设稳压装置等方式，以减少以上因素对供电质量的影响，减少电气干扰。

3）数控车床应有的操作规程。

操作规程是保证数控车床安全运行的重要措施之一，操作者一定要按照操作规程操作。车床发生故障时，操作者要注意保留现场，并向维修人员如实说明出现故障前后的情况，以利于分析、诊断故障原因，及时排除故障，减少停机时间。

4）数控车床不宜长期封存不用。

数控车床较长时间不用时，要定期通电而不能长期封存起来，最好每周能通电 1~2 次，每次运行 1h，以利用车床本身的发热来降低车床内的湿度，使电子元器件不致受潮，同时也能及时发现有无电池报警发生，以防止系统软件、参数丢失。

5）持证上岗。

操作人员不仅要有资格证，在上岗操作前还要接受技术人员按所用车床操作规程进行的专题操作训练，使操作人员熟悉说明书以及车床结构、性能、特点，掌握操作盘上的仪表、开关、旋钮的功能。严禁盲目操作和误操作。

6）检测各坐标。

在加工工件前，须先对各坐标进行检测、复查，对加工程序进行模拟试验，检测正常后再加工。

7）防止碰撞。

操作人员在设备回到机床零点操作前，必须确定各坐标轴的运动方向无障碍物，以防碰撞。

8）关键部件不要随意拆动。

数控车床机械结构简单，密封可靠，自诊功能完善。在日常维护中，除清洁外部及规定的润滑部位外，不得拆卸其他部位。对于关键部件，如数控车床上的光栅尺等装置，更不得碰撞和随意拆动。

9）不要随意改变参数。

数控车床的各类参数和基本设定程序的安全存储直接影响车床正常工作和性能发挥，操作人员不得随意修改。如因操作不当造成故障，应及时向维修人员说明情况，以便寻找故障线索，并进行处理。

二、数控系统的维护与保养

数控系统经过较长时间的使用，某些元器件的性能总要老化甚至损坏，有些机械部件更是如此。为了尽量延长元器件的寿命和零部件的磨损周期，防止各种故障，特别是恶性事故的发生，就必须对数控系统进行日常的维护工作。具体要注意以下 7 个方面。

1）严格遵循操作规程。

数控系统的编程、操作和维修人员都必须经过专门的技术培训，熟悉所用数控车床的机械部件、数控系统、强电装置、液压气动装置等的使用环境、加工条件等；能按数控车床和数控系统使用说明书的要求正确、合理地使用设备。应尽量避免因操作不当引起的故障。要明确规定开机、关机的顺序和注意事项，如开机首先要手动或用程序指令自动回参考点，顺序为先 X 轴再 Z 轴。在车床正常运行时，不允许开关电气柜，禁止按动急停和复位按钮，不得随意修改参数。通常，在数控车床使用的第一年内，有 1/3 以上的故障是因操作不当引起的。

2）系统出现故障时的处理。

出现故障后要保护现场，维修人员要认真了解故障前后的情况，做好故障发生原因和处理的记录，查找故障，并及时排除，减少停机时间。

3）防止尘埃进入数控装置内。

除了进行维修外，应尽量少开电气柜门。因为柜门常开易使空气中飘浮的灰尘和金属粉末落在印制电路板和电器接插件上，造成元件之间的绝缘电阻下降，从而出现故障，甚至造成元件损坏、数控系统控制失灵。一些已受外部尘埃、油污污染的电路板和接插件可采用专门的电子清洁剂喷洗。

4）存储器所用电池要定期检查和更换。

通常，数控系统存储参数用的存储器采用 CMOS 器件，其存储的内容在数控系统断电后靠支持电池供电保持。支持电池一般采用锂电池或可充电的银镉电池。当电池电压下降到一定值时就会造成参数丢失。因此，要定期检查电池电压，当该电压下降至限定值或出现电池电压报警时，应及时更换。在一般情况下，即使电池尚未消耗完，也应每年更换一次，以确保数控系统能正常工作。更换电池一般要在数控系统通电状态下进行，这样才不会造成存储参数丢失。一旦参数丢失，在调换新电池后，须重新输入参数。

5）经常监视数控系统的电网电压。

数控系统如果超出允许的电网电压波动范围，轻则使数控系统不能稳定工作，重则会造成重要电子部件损坏。因此，要经常注意电网电压的波动。对于电网电压波动较剧烈的地区，应及时配置数控系统用的交流稳压装置，使故障率有较明显的降低。

6）数控系统长期不用的维护。

因某种原因造成数控系统长期闲置不用时，为了避免数控系统损坏，需注意以下两点。

①要经常给数控系统通电，特别是在环境湿度较大的梅雨季。在车床锁住不动（即伺服电动机不转）的情况下，让数控系统空运行，利用电器元件本身的发热来驱散数控系统内的潮气，保证电器元件性能稳定、可靠。实践证明，在空气湿度较大的地区，经常通电是降低故障率的一项有效措施。

②数控车床的进给轴和主轴采用直流电动机驱动时，应将电刷从直流电动机中取出，以免化学腐蚀的作用使换向器表面腐蚀，从而造成换向性能变差，甚至导致整台电动机损坏。

7）备用电路板的维护。

由于印制电路板长期不用容易出故障，因此，所购的备用板应定期装到数控系统中通电运行一段时间，以防损坏。

三、数控车床机械部件的维护、保养

数控车床机械部件维护与普通车床不同的内容有以下 3 个方面。

1）主传动链的维护。

①熟悉数控车床主传动链的结构、性能参数，严禁超性能使用。

②主传动链出现不正常现象时，应立即停机排除故障。

③操作者应注意观察主轴箱温度，检查主轴润滑恒温油箱，调节温度范围，使油量充足。

④使用带传动的主轴系统，需定期观察调整主轴传动带的松紧程度，

防止驱动带打滑造成的丢转现象。

⑤由液压系统平衡主轴箱质量的平衡系统，需定期观察液压系统的压力表。当油压低于要求值时，需进行补油。

⑥使用液压拨叉变速的主传动系统，必须在主轴停车后变速。

⑦使用啮合式电磁离合器变速的主传动系统，该离合器必须在低于 2 r/min 的转速下变速。

⑧注意保持主轴与刀柄连接部位及刀柄的清洁，以防止对主轴的机械碰撞。

⑨每年更换一次主轴润滑恒温油箱中的润滑油，并清洗过滤器。

⑩每年清洗润滑油池底 1 次，并更换液压泵过滤器。

⑪ 每天检查主轴润滑恒温油箱，使其油量充足，保证工作正常。

⑫ 防止各种杂质进入润滑油箱，保持油液清洁。

⑬ 经常检查轴端及各密封处，防止润滑油液泄漏。

⑭ 刀具夹紧装置长时间使用后，会使活塞杆和拉杆之间的间隙加大，造成拉杆位移量减少，使碟形弹簧伸缩量不够，影响刀具的夹紧，故需及时调整液压缸活塞的位移量。

⑮ 经常检查压缩空气气压，并调整到标准要求值。足够的气压才能使主轴锥孔中的切屑和灰尘清理彻底。

2）滚珠丝杠副的维护。

①定期检查、调整滚珠丝杠副的轴向间隙，保证反向传动精度和轴向刚度。

②定期检查滚珠丝杠支承与床身的连接是否有松动，以及支承轴承是否损坏。如有上述问题，要及时紧固松动部位，更换支承轴承。

③采用润滑脂润滑的滚珠丝杠，每半年清洗一次滚珠丝杠上的旧润滑脂，换上新的润滑脂，每次车床工作前加油一次。

④注意避免硬质灰尘或切屑进入丝杠防护罩以及在工作过程中碰撞防护罩。防护装置如有损坏，应及时更换。

3）液压系统的维护。

①检查各液压阀、液压缸及管子接头是否有外漏。

②检查液压泵或液压马达运转时是否有异常噪声。

③检查液压缸移动时工作是否正常、平稳。

④检查液压系统的各测压点压力是否在规定范围内，压力是否稳定。

⑤检查油液的温度是否在允许的范围之内。

⑥检查液压系统工作时有无高频振动。

⑦检查电气控制或撞块（凸轮）控制的换向阀工作是否灵敏、可靠。

⑧检查油箱内油量是否在油标刻线范围内。

⑨检查液压缸行程开关或限位挡块的位置是否有变动。

⑩检查液压系统手动或自动工作循环时是否有异常现象。

⑪ 定期对油箱内的油液进行取样化验，检查油液质量，定期过滤或更换油液。

⑫ 定期检查蓄能器的工作性能。

⑬ 定期检查冷却器和加热器的工作性能。

⑭ 定期检查和紧固重要部位的螺钉、螺母、接头及法兰螺钉。

⑮ 定期检查和更换密封件。

⑯ 定期检查、清洗或更换液压件。

⑰ 定期检查、清洗或更换滤芯。

⑱ 定期检查、清洗油箱和管道。

四、数控车床日常维护保养

数控车床的维护是操作人员为保持设备正常技术状态、延长设备使用寿命所必须进行的日常工作，是操作人员主要职责之一。数控车床定期维护的内容如下。

1）工作 200 h。

①检查各润滑油箱、液压油箱、冷却水箱液位，不足则添加。

②检查液压系统压力，随时调整。

③检查冷却水情况，必要时更换。

④检查压缩空气的压力以及清洁和含水情况，清除积水，添加润滑油，调整压力，清洁过滤网。

⑤检查导轨润滑和主轴箱润滑压力，不足则调整。

2）工作 1000 h。

①移动各轴，检查导轨上是否有润滑油，若无则修复。清洗刮屑板，把新的刮屑板和干净的刮屑板装上。在轨道上涂上 50 mm 宽的油膜，托板移动 30 mm，刮屑板能在导轨上刮成均匀的油膜为正常，否则调整刮屑板。

②检查电柜空调的滤网，必要时清洗。

3）工作 2000 h。

①移动各轴，检查导轨上是否有润滑油，若无则修复。在导轨上涂上 50 mm 宽的油膜，托板移动 30 mm，刮屑板能在导轨上刮成均匀的油膜为正常，否则调整刮屑板。

②将所有液压油放掉，清洗油箱，更换或清洗过滤器中的滤芯，检查蓄能器功能。液压泵停机后油压慢慢下降为正常，否则修复或更换。

③放掉润滑油，清洗润滑油箱。

④检查滚珠丝杠的润滑情况。用测量表检查各轴的反向间隙，必要时调整，将新的数据输入系统中。

⑤检查刀架的各项精度，恢复精度。

⑥检查各轴的急停限位情况，更换损坏的限位开关。检查各同步带的张紧情况，必要时调整。

⑦检查主轴传动带的张紧情况，必要时调整。检查传动带外观，必要时更换。

⑧卸下各轴防护板，清洗下面的装置和部件。

⑨消除所有电动机散热风扇上的灰尘。

⑩检查 CNC 系统储存器的电池电压，如电压过低或出现电池警报，应立即在系统通电情况下更换电池。

4）工作 4000 h。

①全面检查车床的各项精度，必要时调整恢复。

②检查电柜内的整洁情况，必要时清理灰尘。检查各电缆、电线是否连接可靠，必要时紧固。

五、数控车床常见故障排除

1）数控车床常见的故障分类。

数控车床是一种技术含量高且较为复杂的机电一体化设备。其故障发生的原因一般都较复杂,这给数控车床的故障诊断与排除带来了不少困难。为了便于故障分析和处理，数控车床的故障大体有以下 6 种分类方式。

（1）非关联性故障和关联性故障。

数控车床故障按起因的相关性，可分为非关联性故障和关联性故障。所谓非关联性故障，是指因运输、安装、工作等原因造成的故障。关联性故障可分为系统性故障和随机性故障。系统性故障通常是指只要满足一定的条件或超过某一设定的限度，工作中的数控车床必然会发生的故障。

（2）有报警显示故障和无报警显示故障。

数控车床故障按有无报警显示，可分为有报警显示故障和无报警显示故障。有报警显示故障一般与控制部分有关，故障发生后可根据故障报警信号判断故障原因。无报警显示故障往往表现为工作台停在某一位置不能运动，依靠手动操作也无法使工作台动作，这类故障的排除难度相较于有报警显示故障要大些。

（3）破坏性故障和非破坏性故障。

数控车床故障按故障性质，可分为破坏性故障和非破坏性故障。因短路、伺服系统失控造成的故障，称为破坏性故障。在维修和排除这种故障时，不允许故障重复出现，故维修时有一定难度。对非破坏性故障，可经过多次试验、重演故障来分析故障原因，故障的排除相对容易些。

（4）电气故障和机械故障。

数控车床故障按发生部位，可分为电气故障和机械故障。

①电气故障一般发生在系统装置伺服驱动单元和车床电气等控制部位。电气故障一般是由电器元件的品质下降、元器件焊接松动、接插件接触不良或损坏等引起的，这些故障表现时有时无。

②机械故障一般发生在机械运动部位。机械故障可分为功能型故障、动作型故障、结构型故障及使用型故障。功能型故障主要是指工件加工精

度方面的故障。这些故障是可以发现的，如加工精度不稳定、误差大等。动作型故障是指车床的各种动作故障，可表现为主轴不转、工件夹不紧、刀架定位精度低、液压变速不灵活等。结构型故障可表现为主轴发热、主轴箱噪声大、机械传动有异常响声、产生切削振动等。使用型故障主要是指使用和操作不当引起的故障，如过载引起的机件损坏等。机械故障一般可通过维护保养和精心调整来预防。

（5）自诊断故障。

数控系统有自诊断故障报警系统，它随时监测数控系统的硬件、软件和伺服系统等工作情况。当这些部分出现异常时，一般会在监视器上显示报警信息或指向灯报警，这些故障称为自诊断故障。自诊断故障系统可协助维修人员查找故障，是故障检查和维修工作中十分重要的依据。对报警信息要进行仔细分析，因为可能会有多种故障因素引发同一报警信息。

（6）人为故障和软 / 硬故障。

人为故障是指操作人员、维护人员对数控车床不熟悉或者没有按照使用手册要求，在操作或调整时处理不当而造成的故障。硬故障是指数控车床的硬件损坏造成的故障。软故障一般是指由于数控加工程序中出现语法错误、逻辑错误或非法数据；数控车床的参数设定或调整出现错误；保持 RAM 芯片的电池电路短路、断路、接触不良，RAM 芯片得不到保持数据的电压，使参数、加工程序丢失或出错；电气干扰窜入总线，引起时序错误等造成的数控车床故障。

除了上述分类外，故障从时间上，可分为早期故障、偶然故障和耗损故障；故障从使用角度，可分为使用故障和本质故障；故障按严重程度，可分为灾难性故障、致命性故障、严重性故障及轻度性故障；故障按发生的过程，可分为突发性故障和渐变性故障。

2）常见故障检查方法。

（1）直观法。

直观法主要是利用人的手、眼、耳、鼻等器官对故障发生时的各种光、声等异常现象的观察，以及认真查看系统的每一处，遵循“先外后内”的原则，诊断故障。采用望、听、嗅、问、摸等方法，由外向内逐一检查，往往可将故障范围缩小到一个模块或一块印制电路板。这要求维修人员具备丰富的实际经验，要有多学科的知识和综合判断的能力。

例如，数控车床加工过程中突然出现停机，打开数控柜检查发现 Y 轴电动机主电路保险烧坏，经检查是与 Y 轴有关的部件出现了问题，最后发现 Y 轴电动机动力线有几处磨破，搭在床身上造成短路。更换动力线后故障消除，车床恢复正常。

（2）自诊断功能法。

自诊断功能法，简言之就是利用数控系统自身的硬件和软件对数控车床故障进行自我检查、自我诊断的方法。

（3）数据和状态检查法。

CNC 系统的自诊断不但能在显示器上显示故障报警信息，而且能以多页的“诊断地址”和“诊断数据”的形式提供机床参数和状态信息，常见的有以下两个方面。

①接口检查。

②参数检查。

（4）报警指示灯显示故障。

现代数控车床的数控系统内部除了上述自诊断功能和状态显示等“软件”报警外，还有许多“硬件”报警指示灯，它们分布在电源、伺服驱动和输入输出等装置上。根据这些报警指示灯的指示，可判断其故障原因。

（5）备板置换法。

利用备用的电路板来替换有故障疑点的模板，是一种快速且简便判断故障原因的方法。常用于 CNC 系统的功能模块，如显示器模块、存储器模块等。

需要注意的是，备板置换前，应检查有关电路，以免因短路而造成好板损坏，同时还应检查试验板上的选择开关和跨接线是否与原电路板一致，有些电路板还要注意板上电位器的调整。置换存储器板后，应根据系统的要求，对存储器进行初始化操作，否则系统仍不能正常工作。

（6）功能程序测试法。

所谓功能程序测试法，就是首先将数控系统的常用功能和特殊功能，如直线定位、圆弧插补、螺旋切削、固定循环及用户宏程序等，用手工编程或自动编程方法，编制成一个功能程序输入数控系统中，然后启动数控系统使其运行，以检查车床执行这些功能的准确性和可靠性，进而判断故障发生的可能原因。本方法对长期闲置的数控车床第一次开机时的检查，以及车床加工造成废品但又没有出现报警而一时难以确定是编程错误还是车床故障原因的情况是一个较好的判断方法。

（7）交换法。

在数控车床中，将常用功能相同的模块或单元互相交换，观察故障转移的情况，就能快速确定故障的部位。这种方法常用于伺服进给驮动装置的故障检查，也可用于两台相同的数控系统间相同模块的互换。

（8）测量比较法。

CNC 系统生产厂在设计印制电路板时，为了调整和维修方便，在印制电路板上设计了多个检测端子，用户可利用这些端子比较测量正常的印制电路板和有故障的线路板之间的差异。可检测这些测量端子的电压和波形，分析故障的起因和故障所在的位置，甚至有时还可对正常的印制电路板人为地制造“故障”，如断开连线或短路，去除某些组件等，以判断真实的故障起因。因此，程序人员应在平时积累并熟悉印制电路板上关键部位或易发生故障部位在正常时的正确波形和电压值，因为 CNC 系统生产厂家往往不提供有关这方面的资料。

（9）敲击法。

当 CNC 系统的故障表现若有若无时，往往可用敲击法检查故障的所在部位。这是由于CNC系统由多块印制电路板组成，每块板上有许多焊点，板件或模块间又通过插接件及电线相连，故任何虚焊或接触不良都可能引起故障。因此，用绝缘物轻轻敲打有虚焊和接触不良的疑点处，故障肯定会重复出现。

（10）局部升温法。

CNC 系统经过长期运行后元器件均要老化，性能会变差。当它们尚未完全损坏时，故障表现会时有时无。这时，可用吹风机或电烙铁等来局部升温被怀疑的元器件，加速其老化，以彻底暴露故障部件。当然，采用此法时，一定要注意元器件的温度参数，不要将原来好的器件烤坏。

除上述常用的故障检测方法外，还有拔板法、电压拉偏法和开环检测法等。包括上面提到的诊断方法在内，所有这些检查方法各有特点。只有按照不同的故障现象，同时选择几种方法灵活应用，对故障进行综合分析，才能逐步缩小故障范围，较快地排除故障。

3）常见数控车床故障种类及处理方法。

数控装置控制系统故障主要利用自诊断功能报警号、计算机各板的信息状态指示灯、各关键测试点的波形、各有关电位器的调整、各短路销的设定、有关机床参数值的设定及专用诊断组件，并参考控制系统维修手册、电器图册等加以排除。控制系统部分的常见故障及其诊断如下。

（1）电池报警故障。

当数控车床断电时，为保存好车床控制系统的机床参数及加工程序，常靠后备电池提供支持。这些电池达到使用寿命后，或其电压低于允许值时，就会产生电池故障报警。当报警灯亮时，应及时予以更换，否则机床参数就容易丢失。由于换电池容易丢失机床参数，因此，应在车床通电时更换电池，以保证系统能正常工作。

（2）键盘故障。

在用键盘输入程序时，若发现有关字符不能输入、不能消除，程序不能复位，以及显示屏不能变换页面等故障，应首先考虑有关按键是否接触不良。若有问题，应予以修复或更换；若不见成效或者所有按键都不起作用，可进一步检查该部分的接口电路、系统控制软件和电线连接状况等。

（3）熔丝故障。

控制系统内熔丝烧断故障多是由对数控系统进行测量时的误操作，或车床发生撞车等意外事故引起。因此，维修人员要熟悉各个熔丝的保护范围，以便在发生问题时能及时查出，并予以更换。

（4）刀位参数的更换。

当车床刀具的实际位置与计算机内存的刀位号不符时，如果操作者不注意，往往会发生撞车或打刀等事故。因此，一旦发现刀位号不对，应及时核对控制系统内存刀位号与实际刀台位置是否相符。若不符，应参照说明介绍的方法，及时将控制系统内存中的刀位号改为与刀台位置一致。

（5）控制系统的“NOTREADY”（没有准备好）故障。

①应首先检查显示面板上是否有其他故障指示灯亮及故障信息提示。若有问题，应按故障信息目录的提示去解决。

②检查伺服系统电源装置是否有熔丝熔断后断路器跳闸等问题。若更换熔丝后断路器再跳闸，应检查电源部分是否有问题；检查电动机是否过热，以及是否因大功率晶体管组件过电流等故障而使计算机监控电路起作用；检查控制系统各板是否有故障灯显示。

③检查控制系统所需各交流电源、直流电源的电压值是否正常。若电压不正常，也可造成系统混乱而产生“NOTREADY”故障。

（6）机床参数的修改。

要充分了解每台数控车床，把握各机床参数及功能。这样，除了能帮助操作者很好地了解该车床的性能外，还有利于提高车床的工作效率或排除故障。

第四章　数控车床的操作及实训

FANUC 数控系统具有加工性能稳定、加工精度高、操作灵活简便等优点，能够加工复杂多样的零件，广泛用于车、铣、钻床及加工中心。不同型号的数控车床，由于机床的结构及操作面板、电气系统的差别，操作方法会有所差异，但基本操作过程和方法是相同的。现以 FANUC 数控系统为例，介绍数控车床的操作控制面板、基本操作及零件加工操作过程。

第一节　数控车床的控制面板

一、数控车床控制面板的组成

FANUC 数控系统的数控车床控制面板由上、下两部分组成，上半部分为数控系统操作面板，下半部分为机床操作面板，其他使用 FANUC 系统的数控车床的控制面板和该面板基本一致，位置上可能有些区别。

二、数控车床的数控系统操作面板

数控系统操作面板也称为 CRT/MDI 面板，由显示器和 MDI 键盘两部分组成，是数控车床控制面板的上半部分。图 4-1 所示为 FANUC 系统的 MDI 键盘的布局。各键的名称和功能见表 4-1。

图 4-1　FANUC 系统的 MDI 键盘的布局

表 4-1　数控车床 MDI 键盘各键的名称和功能

类别	键图	键名	功能
地址 / 数字键		地址 / 数字键	输入字母、数字及其他字符
编辑键		替换键	用输入的数据替换光标所在位置的数据
		插入键	把输入区域中的数据插入到当前光标后的位置
		删除键	删除光标所在位置的数据，或者删除一个程序，或者删除全部程序
		取消键	删除已输入到键的输入缓冲器的最后一个字符或符号。例如，当显示输入缓冲器数据为“> N001 X 100Z”时，按此键，则字符 Z 被取消，并显示“> N001 X 100”
		切换键	在有些键的顶部有两个字符。按下此键。选择键面右下角的字符
功能键		位置页面显示键	显示位置页面
		参数输入页面键	显示偏置 / 设置（SETTING）页面
		系统参数页面键	显示系统页面
		信息页面键	若有“报警”，按下此键可以显示信息页面
功能键		图形参数设置页面键	显示用户宏画面（会话式宏画面）或显示图形页面
		显示程序键	显示程序页面

续表

类别	键图	键名	功能
复位键	RESET	复位键	使 CNC 复位或取消报警等
输入键	INPUT	输入键	当按下地址键或数字键后，数据被输入缓冲器中，并在屏幕上显示出来。为了把输入缓冲器中的数据复制到寄存器，按【INPUT】键即可
光标移动键		光标移动键	→用于将光标朝右或前进方向移动。在前进方向，光标按一段短的单位移动 ←用于将光标朝左或倒退方向移动，在倒退方向，光标按一段短的单位移动 ↓用于将光标朝下或前进方向移动。在前进方向，光标按一段大尺寸单位移动 ↑用于将光标朝上或倒退方向移动。在倒退方向，光标按一段大尺寸单位移动
翻页键	PAGE	翻页键	用于向前翻页 用于向后翻页
软键	—	软键	根据使用场合，软键有各种功能。软键功能显示在屏幕的底部
帮助键	HELP	帮助键	显示如何操作机床，如 MDI 键的操作。可在 CNC 发生报警时，提供报警的详细信息（帮助功能）

（1）地址 / 数字键：地址 / 数字键用于将字母、数字及其他符号输入输入区域，每次输入的字母、数字及符号都显示在屏幕上。字母键和数字键的切换通过切换键来实现，如 O/P、7/A。

（2）编辑键：用于输入和修改程序。常见的编辑键有替换键、删除键、插入键、取消键和切换键。

（3）功能键：用于选择显示的屏幕（功能）类型。按功能键后，再根据需要按相应的软键，则与已选功能相对应的屏幕就被选中显示。通常有位置显示页面键、参数输入页面键、系统参数页面键、信息页面键、图形参数设置页面键和页面切换键。

（4）复位键：其功能是使 CNC 复位或取消报警等。

（5）输入键：其功能是将输入区域内的数据输入参数页面。

（6）光标移动键和翻页键：用于控制光标的移动。

（7）软键：根据不同的画面，软键有不同的功能，软键的功能显示在屏幕的底端。要显示一个更详细的屏幕，可以在按下功能键后按软键，最左侧带有向左箭头的软键为菜单返回键，最右侧带有向右箭头的软键为菜单继续键。

（8）帮助键：当对MDI键的操作不明白时，按下帮助键可以获得帮助。

三、机床操作面板

机床操作面板上的各个开关和按钮用于控制机床的动作，其功能见表4-2。

表 4–2 数控车床机床操作面板各键功能

类别	键	功能
方式选择键	编辑	进入编辑运行方式
	自动	进入自动运行方式
	MDI	进入 MDI 运行方式
	JOG	进入手动（JOG）运行方式
	手轮	进入手轮进给方式
操作选择键	单段	进入单段运行方式
	返回	返回机床参考点操作（即机床回零）
主轴旋转键	正转	主轴正转
	停转	主轴停转
	反转	主轴反转
循环启动 / 停止键		在自动加工运行和 MDI 运行时，开启和关闭循环
主轴倍率键	主轴 100%	按下该键（指示灯亮），主轴修调倍率被置为 100%
	主轴升量	每按一下该键，主轴修调倍率递增 5%
	主轴降量	每按一下该键，主轴修调倍率递减 5%
超程解锁键	超程解锁	解除超程警报
进给轴和方向选择开关	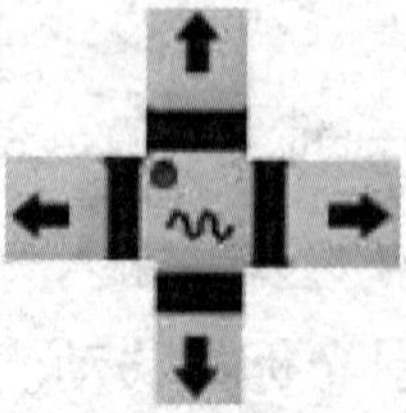	手动控制 +*X*、-*X*、+*Z*、-*Z* 的移动方向，中间键为快速移动键。

续表

类别	键	功能
JOG 进给倍率刻度盘	倍率 0 10 20 30 40 50 60 70 80 90 100 110 120 130 140 150	调节 JOG 进给的倍率，倍率值为 0%~150%。每格为 10%
系统启动 / 停止键	系统启动 系统停止	用于开启和关闭数控系统
电源 / 回零指示灯	电源 X零点 Z零点	用于标明系统是否开机和回零的情况。系统开机后，电源灯始终亮。当进行机床回零操作时，某轴返回零点后，该轴的指示灯亮
急停键		按下后切断主轴及伺服系统电源，控制系统复位。故障排除后，旋转该开关，使其释放

（1）方式选择键：用于选择系统的运行方式，分为编辑、自动、MDI、JOG、手轮 5 种方式。

（2）操作选择键：用于开启单段、回零操作。

（3）主轴旋转键：用于开启和关闭主轴。

（4）循环启动 / 停止键：用于开启和关闭循环，在自动加工运行和 MDI 运行时都会用到它们。

（5）主轴倍率键：在自动或 MDI 方式下，当 S 代码的主轴速度偏高或偏低时，可用主轴倍率键来修调程序中编制的主轴速度。

（6）超程解锁键：用于解锁超程警报。

（7）进给轴和方向选择开关：用于选择机床欲移动的轴和方向。

（8）JOG 进给倍率刻度盘：用于调节 JOG 进给的倍率。倍率值为 0% ~150%。每格为 10%。

（9）系统启动 / 停止键：用于开启和关闭数控系统。

（10）电源 / 回零指示灯：用于表明系统是否开机和回零的情况。当系统开机后，电源灯始终亮着。当进行机床回零操作时，某轴返回零点后，该轴的指示灯亮。

（11）急停键：按下急停键后，切断主轴及伺服系统电源，控制系统复位。故障排除后，旋转该开关，使其释放。

第二节　数控车床的基本操作

工件的加工程序编写完成后，即可操作机床对工件进行加工。下面介绍数控车床的各种操作。

一、机床的开启和停止

1. 机床的开启

在机床主电源开关接通前，操作者必须对机床的防护门和电箱门是否关闭，液压卡盘的夹持方向是否正确，以及润滑装置上油标的液面位置是否符合要求等进行检查。当以上各项均符合要求时，方可接通电源。

（1）合上机床主电源开关，机床工作灯亮，冷却风扇启动，润滑泵和液压泵启动。

（2）按下机床面板上的系统启动键，接通电源，电源指示灯亮，显示器上出现机床的初始位置坐标。

2. 机床的停止

无论是在手动还是在自动运行状态下，机床在加工完工件后，若遇到不正常情况，需紧急停止时，可用以下 3 种方式之一来实现。

（1）按下急停按钮：除润滑油泵外，机床的动作及各种功能均被立即停止。同时，显示器上出现报警信息。待故障排除后，顺时针转动按钮，被按下的按钮跳起，则急停状态解除。但此时若要恢复机床的工作，必须进行返回机床参考点的操作。

（2）按下复位键：在机床自动运转过程中按下复位键，则机床的全部操作均停止，因此可用此键完成急停操作。

（3）按下电源断开键：按下控制面板上的系统关闭键，则机床停止工作。

二、手动操作机床

手动操作主要包括手动返回机床参考点和手动移动刀具。手动移动刀具包括 JOG 进给和手轮进给。

1. 手动返回参考点

机床采用增量式测量系统，因此一旦机床断电，数控系统就失去了对参考点坐标的“记忆”，当再次接通数控系统的电源时，首先要做的就是进行返回参考点的操作。另外，机床在运行过程中会遇到急停信号或超程报警信号，待故障解除后，也必须进行返回参考点的操作。

手动返回参考点操作就是用机床操作面板上的按钮或开关，将刀具移动到机床的参考点，其操作步骤如下。

（1）在操作选择键中按下回零键，这时该键左上方的小红灯亮。

（2）按下相应的坐标轴选择键，使刀具沿 X 轴和 Z 轴返回参考点，同时 X 轴和 Z 轴回零指示灯亮。

（3）若刀具距离参考点开关不足 30 mm，要首先用 JOG 键使刀架向负方向移动离开参考点，直到距离大于 30 mm，再返回参考点。

2.JOG 进给

JOG 进给就是手动连续进给。当手动调整机床，或者是要求刀具快速移近或离开工件时，需要使用 JOG 进给方式。在 JOG 进给方式下，按下机床操作面板上的进给轴和方向选择开关，机床沿选定轴的选定方向移动，进给速度可用 JOG 进给倍率刻度盘进行调节。其操作步骤如下。

（1）按下 JOG 键，系统处于 JOG 运行方式。

（2）按下进给轴和方向选择开关，机床沿选定轴的选定方向移动。在开关被按下期间，机床以设定的进给速度移动，一旦开关释放，机床就将停止。

（3）在机床运行前或运行中使用 JOG 进给倍率刻度盘，根据实际需要调节进给速度。若同时按下进给轴和快进开关，则机床以快速移动速度运动，在快速移动期间快速移动倍率有效。

3. 手轮进给

手动调整机床或试切削时，使用手轮确定刀尖的正确位置。其操作步骤如下。

（1）按下手轮键，进入手轮方式。

（2）按下手轮进给轴选择开关，选择机床要移动的轴。

（3）按下手轮进给倍率键，选择移动倍率。

（4）根据需要摇动手轮，使刀架按指定的方向和速度移动，速度由摇动手轮的快慢决定。

4. 主轴的操作

主轴的操作主要包括主轴的启动和停止，主要用于调整刀具和调试机床，其操作步骤如下。

（1）任意选择一种操作方式。

（2）按下主轴功能的正转键或反转键，主轴将正转或反转。主轴转速可进行调整。

（3）按下主轴功能的停转键，主轴停转。

三、自动运行

自动运行就是机床根据编制的零件加工程序来运行。工件的加工程序输入数控系统，准备好刀具和安装好工件，各刀具的补偿值均输入数控系统，经检查无误，可连续执行加工程序进行正式加工。自动运行的方式包括存储器运行、MDI 运行和 DNC 运行等方式。

1. 存储器运行方式

存储器运行方式就是指将编制好的零件加工程序存储在数控系统的存储器中，运行时调出要执行的程序即可使机床运行的方式。

程序预先存储在存储器中，当选定了一个程序并按下机床操作面板上的循环启动按钮时，开始自动运行，而且循环启动灯（LED）点亮。在自动运行期间，当按下机床操作面板上的进给暂停时，自动运行停止；再按一次循环启动按钮时，自动运行恢复。其操作步骤如下所述。

（1）按下编辑键，进入编辑运行方式。

（2）按下数控系统面板上的 PROG 键，调出加工程序。

（3）按下地址键 O。

（4）按下数字键输入程序号。

（5）按下数控屏幕下方的软键 O 检索键，这时被选择的程序就显示在屏幕上。

（6）按下自动键，进入自动运行方式。

（7）按下机床操作面板上的循环键中的白色启动键，开始自动运行。在运行中，若按下循环键中的红色暂停键，机床将减速停止运行；再按下白色启动键，机床恢复运行。如果按下数控系统面板上的 RESET 键，自动运行结束并进入复位状态。

2.MDI 运行方式

MDI 运行方式是指用键盘输入一组加工命令后，机床根据这个命令执行操作的方式。MDI 运行用于简单的测试操作。在 MDI 方式中，用 MDI 面板上的按键在程序显示画面可编制最多 10 行程序段（与普通程序的格式一样），然后执行。在 MDI 方式中建立的程序不能被存储。其操作步骤如下所述。

（1）按 MDI 键，进入 MDI 运行方式。

（2）按 MDI 面板上的 PROG 键，自动生成 00000 的程序号。

（3）与普通程序编辑方法类似，编制要执行的程序。

3.DNC 运行方式

DNC 运行方式是自动运行方式中的一种，它在读入接在阅读机 / 穿孔机接口的外设上的程序的同时，执行自动加工。它可以选择存储在外部输入 / 输出（I/O）设备上的文件（程序），以及指定自动运行的顺序和执行次数。为了使用 DNC 运行功能，需要预先设定有关阅读机 / 穿孔机接口的参数，

四、程序再启动

程序再启动功能可指定程序段的顺序号即程序段号，以便下次从指定

的程序段开始重新启动加工。该功能有两种再启动方法，即P型操作和Q型操作。P型操作可以在程序的任何地方开始重新启动。程序再启动的程序段不必是被中断的程序段。当执行P型再启动时，再启动程序段必须使用与被中断时相同的坐标系。Q型操作在重新启动前，机床必须移动到程序起点。

五、单段运行

单段方式通过逐段执行程序的方法来检查程序，其操作步骤如下。

（1）按操作选择键中的单段键，进入单段运行方式。

（2）按下循环启动按钮，执行程序的一个程序段，然后机床停止。

（3）再按下循环启动按钮，执行程序的下一个程序段，然后机床停止。

（4）如此反复，直到执行完所有的程序段。

六、刀具补偿值的输入

为保证加工精度和方便编程，在加工过程中必须进行刀具补偿，每个刀具的补偿量需要在加工前输入数控系统中，以便在程序的运行中自动进行补偿。其具体操作步骤如下。

（1）按下OFFSET键，显示工具补正/形状界面。

（2）按下软键选择键“OFFSET”，或者连续按下OFFSET键，直至显示出刀具补偿界面。根据刀具几何/磨损偏置的有无，显示的屏幕会有所不同。

（3）用翻页键和光标键移动光标至所需设定或修改的补偿值处，或者输入所需设定或修改补偿值的补偿号并按软键“No.SRH”。

（4）输入一个值并按下INPUT键，或者输入一个值并按软键“输入”，就完成了刀具补偿值的设定，显示新的设定值。

七、工件原点偏移值的输入

在工件原点偏置界上可设定工件原点偏置和外部工件原点偏置，其具体操作步骤如下。

（1）按下 OFFSET。

（2）按下“坐标系”软键，显示工件坐标系设定界面。

（3）该界面包含两页，使用翻页键可以翻到所需要的界面。

（4）使用光标键将光标移动到想要改变的工件原点偏移值上。例如，要设定“C54X20.Z30”，首先将光标移到 C54 的 X 值上。

（5）使用数字键输入数值“20”，然后按下 INPUT 键或按软键“输入”。

（6）将光标移到 Z 值上。输入数值“30”，然后按下 INPUT 键或按软键“输入”。

（7）如果要修改输入的值，可以直接输入新值，然后按下 INPUT 键或按软键“输入”。如果输入一个数值后按软键“+ 输入”，那么当光标在 X 值上时，系统会将输入的值除以 2，然后与当前值相加，而当光标在 Z 值上时，系统直接将输入的值与当前值相加。

八、图形模拟

FANUC 数控系统提供了图形模拟的功能，可以在屏幕界面上显示程序的刀具轨迹，通过观察屏幕上刀具运动轨迹检查加工过程和所编写程序的正确性。在显示前可设定绘图坐标和绘图参数，显示的图形可以放大 / 缩小。其具体操作步骤如下。

（1）按下 CSTM/GR 键，则显示绘图参数界面（如果不显示该界面，按软键“GPRM”）。

（2）将光标移动到所需设定的参数处。

（3）输入数据，然后按下 INPUT 键。

（4）重复第（2）步和第（3）步，直到设定完所有需要的参数。

（5）按软键“GRAPH”。

（6）启动自动或手动运行，机床开始移动，并且在界面上绘出刀具的运动轨迹。

（7）可以使用“ZOOM”软键和光标移动键，图形可整体或局部放大。

（8）按“NORMAL”软键可以显示原始图形，然后开始自动运行。

九、对刀

对刀是数控车削加工前的一项重要工作，对刀的好与坏将直接影响到加工程序的编制及零件的尺寸精度，因此它也是决定加工成败的关键因素之一。在数控车削加工中，应首先确定零件的加工原点以建立准确的加工坐标系，同时考虑刀具的不同尺寸对加工的影响，并输入相应的刀具补偿值。这些都需要通过对刀来解决。

1. 对刀术语

（1）“刀位点”是指在加工程序编制中，用以表示刀具特征的点，也是对刀和加工的基准点。各类车刀的刀位点如图 4-2 所示。

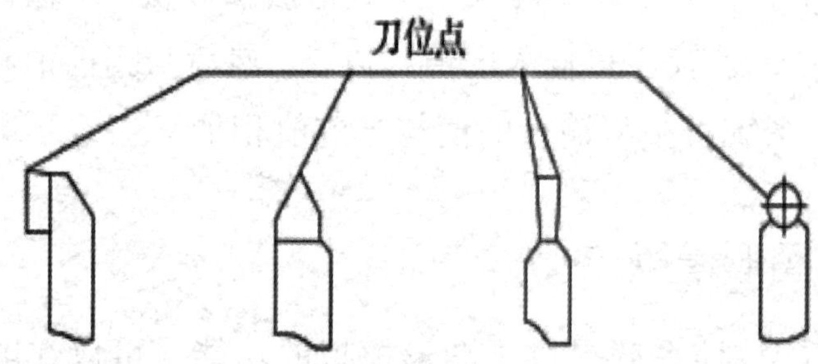

图 4-2　各类车刀的刀位点

（2）“对刀”是将所选刀的刀位点尽量和某一理想基准点重合，以确定工件坐标系和刀具在机床上的位置。对刀的实质是测量出各个刀具的位置差，将各个刀具的刀尖统一到同一工件坐标系下的某个固定位置，以使各刀尖点均能按同一工件坐标系指定的坐标移动。

对刀后，各个刀具的刀位点与对刀基准点相重合的状况总有一定的偏差。因此，在对刀的过程中，可同时测定出各个刀具的刀位偏差（在进给坐标轴方向上的偏差大小与方向），以便进行自动补偿。

（3）“对刀点”用于确定工件坐标系相对于机床坐标系之间的关系。它是与对刀基准点相重合（或经刀补后能重合）的位置。在一般情况下，对刀点既是加工程序执行的起点，也是加工程序执行后的终点，该点的位置可由 G50、G54 等指令设定。

2. 对刀方法

数控车床常用的对刀方法有 3 种，即试切对刀、机械对刀仪对刀（接触式）和自动对刀（非接触式）。

（1）“试切对刀”是指在机床上使用相对位置检测手动对刀。下面以 *Z* 向对刀为例说明对刀方法。安装刀具后，先移动刀具手动切削工件右端面，再沿 *X* 方向退刀，将右端面与加工原点距离 *N* 输入数控系统，即完成该刀具的 *Z* 向对刀过程（图 4-3）。

试切对刀是基本对刀方法，在实际生产中应用较多，但是此方法较为落后，占用较多在机床上的时间。

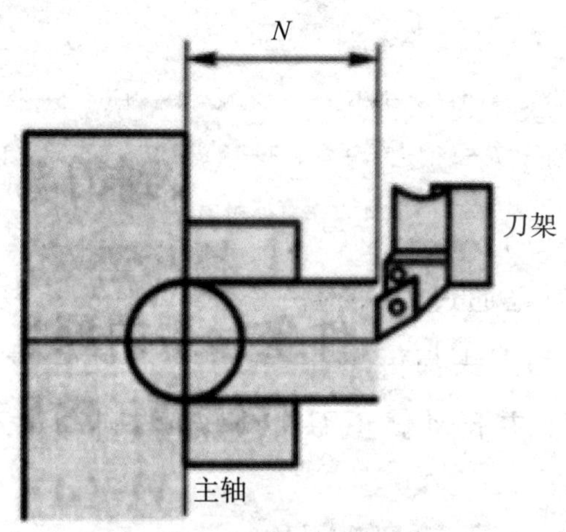

图 4–3　相对位置检测对刀

（2）机外对刀的本质是测量出刀具假想刀尖点到刀具台基准之间 *X* 及 *Z* 方向的距离。利用机外对刀仪可将刀具预先在机床外校对好，以便装上机床后将对刀长度输入相应刀具补偿号即可使用，如图 4-4 所示。

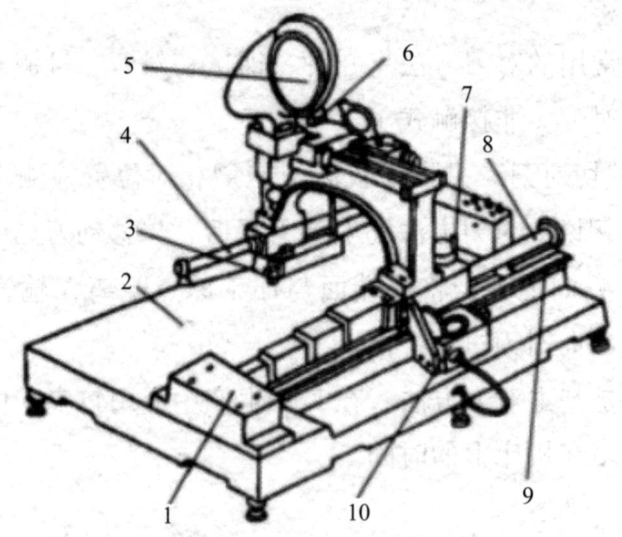

1—刀具台安装座；2—底座；3—光源；4—轨道；5—投影放大镜；
6—X 向进给手柄；7—Z 向进给手柄；8—轨道；9—刻度尺；10—微型读数器。

图 4-4　机外对刀仪对刀

（3）自动对刀是通过刀尖检测系统实现的，刀尖以设定的速度向接触式传感器接近，当刀尖与传感器接触并发出信号时，数控系统立即记录下该瞬间的坐标值，并自动修正刀具补偿值。自动对刀过程如图 4-5 所示。

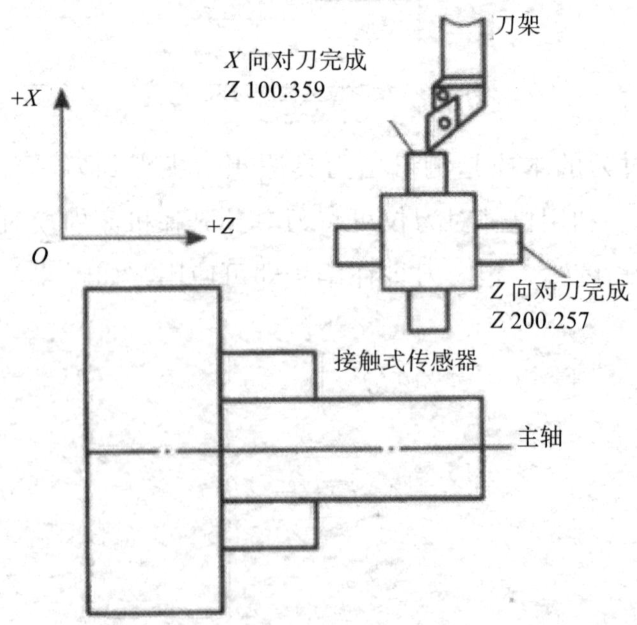

图 4-5　自动对刀过程

3. 试切法对刀的具体过程

（1）使用 G54 ~ G59。

工件坐标系用的是 G54~G59 预置的坐标系。通过对刀操作，可确定机床坐标系和工件坐标系之间的相互关系，也就是说，找到工件坐标系原点在机床坐标系中的坐标位置，然后通过执行 G54~G59 指令创建工件坐标系。在车削加工中，工件坐标原点通常选在工件右端面、左端面或长爪的前端面。建立工件坐标系后，程序中所有绝对坐标值都是相对于工件原点的，具体操作如下。

①进行手动返回参考点的操作。

②试切外圆：用手动方式操纵机床在工件外圆表面试切一刀，然后保持刀具在 X 轴方向上的位置不变，沿 Z 轴方向退刀，记录下此时显示器上显示的刀架中心在机床坐标系中的 X 轴坐标值 X_1，并测量工件试切后的直径 D，此即当前位置上刀尖在工件坐标系中的 X 轴坐标值（通常 X 轴零点都选在回转轴心上）。

③试切端面：用同样的方法在工件右端 面试切一刀，保持刀具 Z 轴坐标不变，沿 X 方向退刀，记录下此时刀架中心在机床坐标系中的 Z 轴坐标值 Z_1，且测出试切端面至预定的工件原点的距离 L，此即当前位置处刀尖在工件坐标系中的 Z 轴坐标值，如图 4-6 所示。

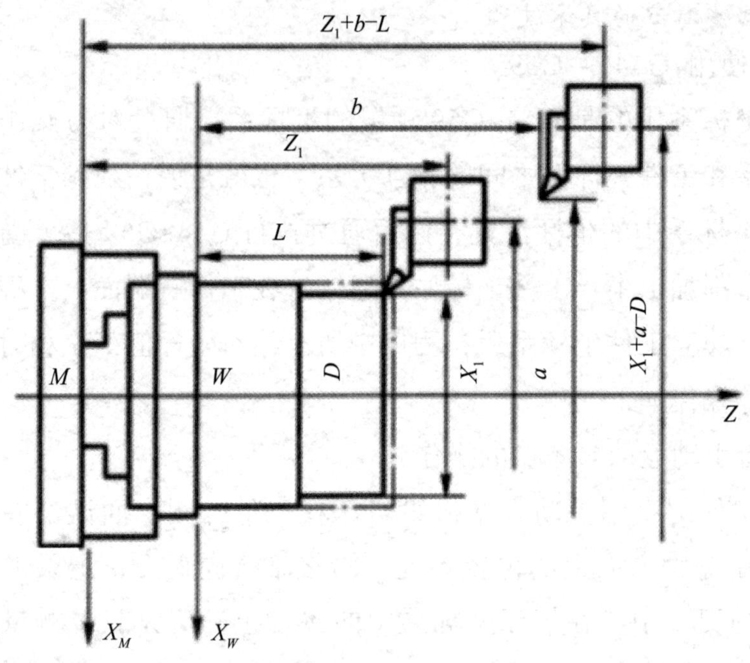

图 4–6　试切法对刀

④将 X 轴坐标值和 Z 轴坐标值输入 G54~G57 的工件坐标偏移值。

通过此方法完成了基准刀的对刀操作。对于加工中使用的其他刀具，则需要再分别测出它们与基准刀具刀位点的位置偏差值（这可以通过分别测量各个刀具相对于刀架中心或相对于刀座装刀基准点在 X、Z 方向的偏置值来得到），再将它们输入刀具补偿中。

（2）使用刀具补偿功能。

使用刀具补偿功能的方法是将编程时用的工件坐标系的原点与加工中实际使用刀具的刀尖位置之间的差值设定为刀偏量，直接输入刀偏存储器，然后通过指令激活工件坐标系，如图 4-7 所示。其具体的操作步骤如下。

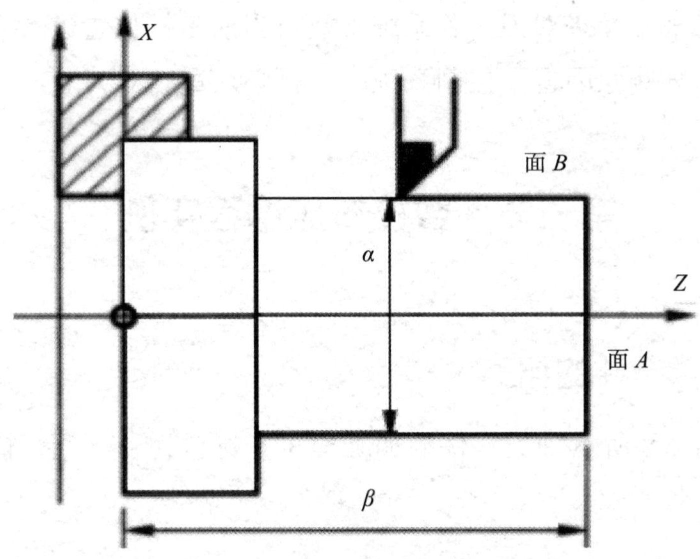

图 4–7 使用刀具补偿功能建立工件坐标系

①在手动方式中用一把实际刀具切削面 A，假定工件坐标系已经设定。

②仅在 X 轴方向上退刀，不要移动 Z 轴，停止主轴。

③测量工件坐标系的零点至面 A 的距离 β。

④将该值设为指定刀号的 Z 向测量值。

⑤在手动方式中切削面 B。

⑥仅在 Z 轴方向上退刀，不要移动 X 轴，停止主轴。

⑦测量面 B 的直径 α。

⑧用与上述设定 Z 轴的相同方法将该测量值设为指定刀号的 X 向测量值。

⑨对所有使用的刀具重复以上步骤，则其刀偏值可自动计算并设定。

例如，当程序中面 B 的坐标值为 70.0 时，α =69.0。在偏置号 2 处按 MEASURE 键，并设定 69.0，于是 2 号刀偏的 X 向刀偏量为 1.0，直径编程轴的补偿值应按直径值输入。

如果在刀具几何尺寸补偿界面设定测量值，则所有的补偿值变为几何尺寸补偿值，并且所有的磨损补偿值被设定为 0。如果在刀具磨损补偿界面设定测量值，则所测量的补偿值与当前磨损补偿值之间的差值成为新的补偿值。

对于无参考点功能的数控车床，因为没有固定的机床坐标原点，所以不能利用机床坐标系来对刀。若系统不能对当前坐标位置进行断电自动记忆，则中途因某些原因退出控制系统时，就必须重新对刀。

第三节　数控车床编程实例

一、轴类零件的加工

编制如图 4-8 所示轴类零件的加工程序，材料为 45# 钢，棒料直径为 40 mm。

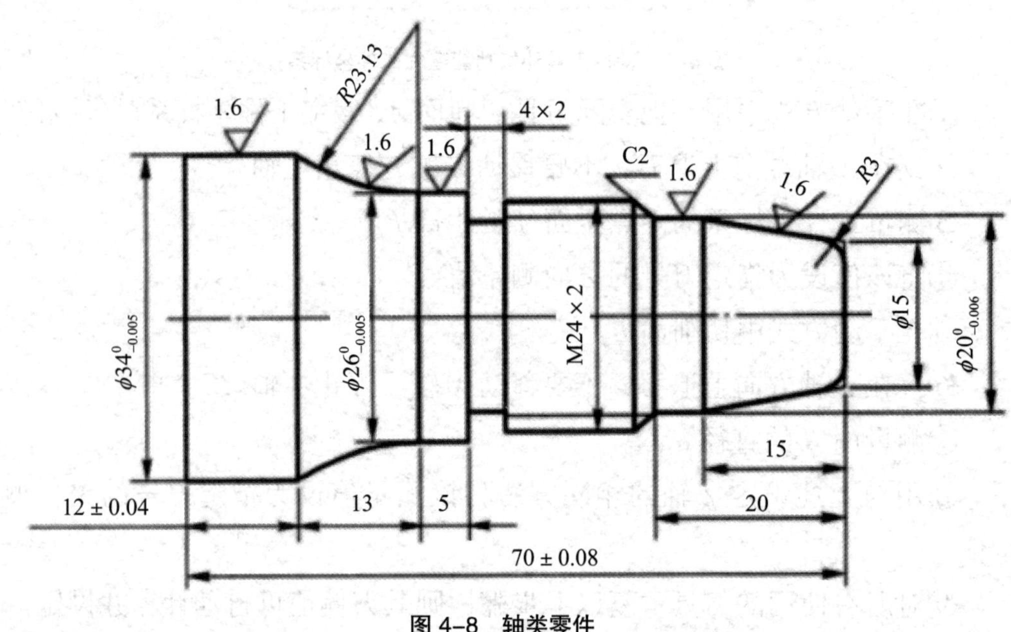

图 4–8　轴类零件

1. 零件的工艺分析

该零件表面由圆柱、圆锥、圆弧、槽及螺纹组成。尺寸标注完整，零件图上给定多处精度要求较高的尺寸，公差值较小，编程时按基本尺寸来编写。根据工件图样尺寸分布情况，确定工件坐标系原点 O 取在工件右端面中心处，换刀点坐标为（200，200）。

2. 确定加工路线

加工路线按先粗后精，由右到左的加工原则执行。首先自右向左进行粗车，然后从右向左进行精车，切槽，最后车螺纹。具体路线为先车端面→圆弧面→切削锥度部分→切削螺纹的外径→车台阶面→切削 ϕ26 圆柱面→切削圆锥部分→切削 ϕ34 圆柱面→切槽→车削螺纹→切下零件。

3. 确定刀具和夹具

由于工件长度不大，只要在左端采用三爪自定心卡盘定心夹紧即可。

根据加工要求，需选用 4 把刀具。粗车及端面加工选用粗车外圆车刀；精加工选用精车外圆车刀；槽的加工选用宽 4 mm 切槽刀；螺纹的加工选用 60° 螺纹刀。将所选的刀具参数填写在数控加工刀具卡片中，便于编程和操作管理，见表 4-3。

表 4–3　数控加工刀具卡片

产品名称或代号			零件名称	零件轴	零件图号	
序号	刀具号	刀具规格和名称	数量	加工表面	刀尖半径	备注
1	T01	硬质合金 90° 外圆车刀	1	车端面及粗车轮廓	0.20 mm	右偏刀
2	T02	切槽刀	1	槽及切断	0.15 mm	
3	T03	硬质合金 60° 螺纹刀	1	车螺纹	0.15 mm	
4	T04	硬质合金 90° 外圆车刀	1	精加工轮廓	0.15 mm	右偏刀
编制		审核		批准	共　页	第　页

4. 确定切削用量

数控车床加工中的切削用量包括切削深度、主轴转速和进给速度，切削用量应根据工件材料、硬度、刀具材料及机床等因素来综合考虑。

（1）背吃刀量的确定。

进行轮廓加工时，粗车循环时选择 a_p=3 mm，精车循环时选择 a_p=0.25 mm；进行螺纹加工时，粗车循环时选择 a_p=0.4 mm，逐刀减少，精车循环时选择 a_p=0.1 mm。

（2）主轴转速的确定。

主轴转速是根据零件上被加工部位的直径，并按零件和刀具的材料，以及加工性质等条件所允许的切削速度来确定的。在实际生产中，主轴转速可用下式计算：

$$n = 1000v / \pi d$$

式中：n为主轴转速（r/min）；v为切削速度（m/min）；d为零件待加工表面的直径（mm）。

本例中，可查相关手册确定切削速度。车直线和圆弧时，粗车切削速度 v=90 m/min，精车切削速度 v =120 m/min，然后利用上述公式计算主轴转速 n。

（3）进给量的确定。

查阅相关手册并结合实际情况来确定，粗车时进给量一般取为0.4 mm/r；精车时进给量常取 0.15 mm/r；切断时进给量宜取 0.1 mm/r。

（4）车螺纹主轴转速的确定。

在车削螺纹时，车床的主轴转速将受到螺纹的螺距（或导程）大小、驱动电动机的降频特性及螺纹插补运算速度等多种因素影响。因此，对于不同的数控系统，推荐的主轴转速范围会有所不同。

通常，螺纹总切深 h=0.6495P=（0.6495 × 2）mm=1.299 mm。

综合前面分析，将确定的加工参数填写在数控加工工艺卡中，见表4-4。

表 4–4　数控加工工序卡片

单位名称		产品名称和代号	零件名称	零件图号			
			零件轴				
工序号	工程序编号	夹具名称	使用设备	车间			
001		三爪卡盘	FANUC 数控车床				
工步号	工步内容	刀具号	刀具规格 /（r/min）	主轴转速 /（r/min）	进给转速 /（mm/min）	背吃刀量 / mm	备注
1	车端面	T01	25 × 25	800	100		
2	粗车轮廓	T01	25 × 25	800	100	3	
3	切槽	T02	25 × 25	400	30		
4	精车轮廓	T04	25 × 25	1200	80	0.25	
5	车螺纹	T03	25 × 25	300	2		
6	切断	T02	25 × 25	400	30		
编制	审核		批准			共 页	第 页

4. **编写加工程序**

09828；程序名

N10 G54 G98 G21；用 G54 指定工件坐标系、每分钟进给量、公制编程

N20 M3 S800 M07；主轴正转，转速为 800 r/min

N30 G00 X200 Z200；到达换刀点

N40 T0101；换 1 号外圆刀，建立 1 号刀补

N50 G00 X41 Z2；快速到达轮廓循环起刀点

N55 G94 X-2 Z0 F100；用端面循环指令车端面

N60 G71 U3 R1；外径粗车循环，给定加工参数

N70 G71 P80Q170 U0.5 W0.1 F100；N80~N170 为循环部分轮廓

N80 G01 X9.9I7 F80；从循环起刀点以 80 mm/min 进给移动到轮廓起始点

N95 Z0；

N90 G03 X15.8356 Z-2.5068 R3；车削圆弧面

N100 G01 X20 Z-15；车削圆锥

N110 Z-20；车削 ϕ20 的圆柱

N120 X24 Z-22；倒角

N130 Z-40；车削螺纹台阶面

N140 X26；径向加工到指定位置

N150 Z-45；车削台阶

N160 G02 X34 Z-58 R23.13；车削圆弧面

N170 G0 I Z-75；车削台阶，循环结束程序段

NI75 G00 X200 Z200；快速定位到指定位置

N180 T0100；取消 1 号刀补

N185 T0202；建立 2 号刀补

N188 M03 S400；

N190 G00 X30 Z-40；快速定位到指定位置进行切槽

N195 G01 X20 E30；加工到槽底

N200 G04 X3；暂停 3 s

N205 G01 X32 F60；退刀

N2I0 G00 X200 Z200；快速到达指定位置

N215 T0200；取消 2 号刀补

N220 T0404；换 4 号刀

N222 M03S1200；

N225 G00 X41 Z2；快速运行到起到点的位置

N240 G70 P80 Q170；精加工循环

N245 G00 X200 Z200；快速移至换刀点位置

N250 T0400；取消 4 号刀补

N280 T0303；建立 3 号刀补

N285 M03 S300；

N290 G00 X26 Z-18；快速定位到指定位置

N300 G92 X23.5 Z-38 F2；螺纹切削循环

N310 X23.1；加工螺纹

N320 X22.7；

N33 X22.4；

N34 X22.1；

N350 X21.8；

N360 X21.6；

N37 X21.5；

N380 X21.402；

N390 G00 X200Z200；快速退刀到达指定位置

N400 T0300；取消 3 号刀补

N410 T0202；建立 2 号刀补

N415 M03S400；

N420 G00 X36Z-74；快速定位到指定位置

N430 G014X2F40；切断

N440 G04 X3；暂停 3 s

N450 G01 X40 F60；退刀到达安全位置

N460 G00 X100 Z100；快速退刀

N470 T0200；取消 2 号刀补

N480 M05 M09；主轴停止

N490 M30；程序结束

二、套筒类零件的加工

编制如图 4-9 所示套筒类零件的加工程序，材料为 45# 钢，棒料直径为 40 mm。

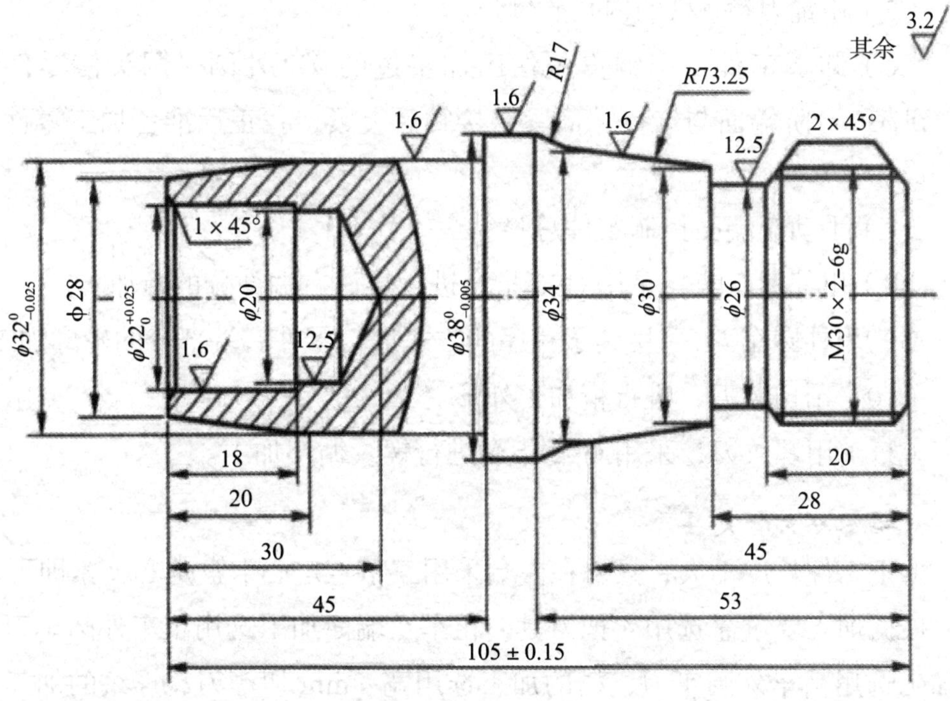

图 4–9　套筒类零件

1. 零件的工艺分析

该零件表面由内 / 外圆柱、圆锥、圆弧、槽及螺纹组成。尺寸标注完整，零件图工给定多处精度要求较高的尺寸，公差值较小，编程时按基本尺寸来编写。根据工件图样尺寸分布情况，确定工件坐标系原点 O 取在工件右端面中心处，换刀点坐标为（200，200）。

2. 确定加工路线

加工路线按由内到外，由粗到精，由右到左的加工原则。首先向右向左进行粗车，然后从右向左进行精车，切槽，最后车螺纹。

（1）加工左端面。棒料伸出卡盘外约 70 mm，找正后夹紧。

（2）把 ϕ20 锥柄麻花钻装入尾座，移动尾架使麻花钻切削刃接近端面并锁紧，主轴转速为 400 r/min，手动转动尾座手轮，钻 ϕ20 的底孔，转动约 6 圈（尾架螺纹导程为 5 mm）。

（3）用外圆车刀，采用 G71 指令进行零件左端部分的轮廓循环粗加工。

（4）用外圆车刀，采用 G70 指令进行零件左端部分的轮廓循环精加工。

（5）用镗刀镗 ϕ22 的内孔并倒角。

（6）卸下工件，用铜皮包住已加工过的 ϕ32 外圆，调头使零件上 ϕ32 到 ϕ38 台阶端面与卡盘端面紧密接触后夹紧，找正后准备加工零件的右端面。

（7）手动车端面控制零件总长。

（8）用外圆车刀，采用 G90 指令进行零件右端部分的粗加工。

（9）用外圆车刀，采用调子程序的方式进行零件右端部分的轮廓加工。

（10）用切断刀，进行精加工外形。

（11）用螺纹刀，采用 G92 指令进行螺纹循环加工。

3. 确定刀具和夹具

由于工件长度不大，只要在左端采用三爪直定心卡盘定心夹紧即可。

根据加工要求需选用 4 把刀具。粗车及端面加工选用粗车外圆车刀；精加工选用精车外圆车刀；槽的加工选用宽 4 mm 切槽刀；螺纹的加工选用 60° 螺纹刀；孔的加工首先使用 ϕ20 锥柄麻花钻钻孔，再选用银刀镗孔。将所选的刀具参数填写在数控加工刀具卡片中，便于编程和操作管理，见表 4-5。

表 4–5　数控加工刀具卡片

产品名称或代号			零件名称	套筒类零件	零件图号	
序号	刀具号	刀具规格和名称	数量	加工表面	刀尖半径	备注
1	T01	硬质合金 90° 外圆车刀	1	车端面及粗车轮廓	0.20 mm	右偏刀
2	T02	切槽刀	1	精加工右端及切断	0.i5 mm	
3	T03	硬质合金 60° 螺纹刀	1	车螺纹	0.15 mm	
4	TOA	镗刀	1	粗加工内孔	0.15 mm	
5	T05	ϕ20 锥柄麻花钻	1			
6	106	硬质合金 90° 外圆车刀	1	精加工左外轮廓	0.15 mm	右偏刀
7	T07	镗刀		精加工内孔	0.15 mm	
编制		审核	批准		共　页	第　页

4. **确定切削用量**

数控车床加工中的切削用量包括切削深度、主轴转速和进给速度，切削用量应根据工件材料、硬度、刀具材料及机床等因素来综合考虑。

（1）背吃刀量的确定：轮廓加工时，粗车循环时选择 a_p=3 mm，精车循环时选择 a_p=0.25 mm；螺纹加工时，粗车循环时选择 a_p=0.4 mm，逐刀减少，精车循环时选择 a_p=0.1 mm。

（2）主轴转速的确定：根据前面所述确定主轴转速，

（3）进给量的确定：查阅相关手册并结合实际情况确定进给量，粗车时一般取 0.4 mm/r；精车时常取 0.15 mm/r；切断时宜取 0.1 mm/r。

（4）车螺纹主轴转速的确定：综合前面分析，将确定的加工参数填写在数控加工工序卡片中。

5. **编写加工程序**

（1）程序 1：零件左端面部分加工，必须在钻孔后才能进行自动加工。

01018；程序名

N10G54　G98　G21；用 G54 指定工件坐标系、每分进给、公制编程

N20 M03 M07　S800；主轴正转，转速为 800　r/min

N30 G00 X200 Z200；刀具到达换刀点

N40 T010l；换 1 号外圆刀，建立 I 号刀补

N50 G00 X42 Z0；刀具快速到达端面的径向外

N60 G0l X18 F50；车削端面

N70 G0 X41 Z2；快速到达轮廓循环起刀点

N80 G71 U2 R1；外径粗车循环，给定加工参数

N90 G7l Pl00 Q150 U0.5 W0.1 Fl00；Nl00~N150 循环部分轮廓

N100 G01 X28 F80；从循环起刀点以 100 mm/min 进给移动到轮廓起始点

N1 10 Z0；

N120 X32 Z-20；车削圆锥

N130 Z-45；车削 ϕ32 的圆柱

N140 X38；车削台阶

N150 Z-55；车削 ϕ38 的圆柱，在加工零件右端部分时不再加工此圆柱

N160 G00 X200；沿径向快速退出

N170 Z200；沿轴向快速退出

N180 M05；主轴停转

N190 T0100；取消刀补

N200 M03 S1200；主轴重新启动，转速为 1200 r/min

N210 T0606；换 6 号刀

N220 G00X42Z2；

N230 G70 P100 Q150；N100~N150，对轮廓进行精加工

N240 G00 X200；刀具沿径向快退

N250Z200；刀具沿轴向快退

N260 M05；主轴停转

N270 M00；程序暂停，用于精加工后的零件测量，断点从 N200 开始

N275M03S800；主轴正转，转速 800 r/min

N280 G00 X200 Z200；快速定位到指定位置

N285　T0600；取消 1 号刀补

N290　T0404；换 4 号刀，导入刀具刀补

N300　G00　X22　Z2；

N310　G01　Z-18　F100；快速移动到孔外侧，粗镗内孔

N320　X17；

N330　Z2；

N340　Z200；

N350 M05；车削孔内台阶（退刀），快速移动到孔外侧，沿轴向快速退出，主轴停转

N360，T0400；

N370 M03　S1200；程序暂停，测量粗镗的内孔径，主轴正转，转速 1200　r/min

N380　T0707；换 7 号刀，进行精镗

N390　G00　X26　Z2；快速移动到孔外侧

N395　G01　X18　Z-2　F80；倒角

N400　Z2；退出内孔

N405　X22；

N410　G01　Z-18　F50；精镗 ϕ22 内孔

N415　X19；精车孔内台阶（退刀）

N420　G01　Z2；快速移动到孔外侧

N430　G00　X200　Z200；沿轴向快速退出

N440　T0700；主轴停转

N450 M09 M05；

N530 m30；程序结束

（2）程序 2：零件右端面部分加工。

01019；程序名

N5　G54　G98　G21；用 G54 指定工件坐标系、每分钟进给量（mm/min）、公制编程

N10G00　X200　Z200；回换刀点

N15 M03 S600；主轴正转，转速为 800 r/min

N20 T0101；换 1 号车外圆，建立 1 号刀补

N30 G00 X42 Z3；刀具快速到达端面的径向外

N40 G01 X–0.5 F50；车削端面，为防止在圆心处留下小凸块，所以车削到 –0.5 mm 处

N50 G00 X41 Z3；快速到达轮廓循环起刀点

N60 G00 X38.5 Z-60 F100；外径粗车循环

N70 X35 Z-28；去除螺纹处裕量

N80 X32；

N90 G00 X42.5 Z-18；确定调用子程序起刀点的位置

N100 M98 P01020；调用 01020 子程序

N102 G01 X50；退出工件

N104 G00 X200 Z200；

N106 T0100；

N108 10202；换精加工刀具

N110 C00 X50 Z0 S800；定位开始进行精加工

N115 G01 X-1 F50；

N120 X26 F70；定位到右端面

N130 X30 Z-2；倒角

N140 Z-18；车螺纹成形表面

N150 X26 Z-20；倒角

N160 Z-28；车槽

N170 X30；车端面

N180 G03 X34 Z-45 R73.25；车削 *R*73.25 逆圆弧

N160 G02 X38 Z-53 R17；车削 *R*17 逆圆弧

N200 G01 Z-60；

N210 G01 X40；沿径向退刀

N220 G00 X200 Z200；快速到达定位点

N230 T0200；取消刀补

N240 T0303；换 3 号螺纹刀，建立 3 号刀补

N250 G00 X31 Z4；快速到达螺纹加工起始位置，轴向有空刀导入量

N260 G92 X29 Z-22 F2；用循环指令加工螺纹

N270 X28.3；精加工螺纹

N280 X27.9；

N290 X27.5；

N300 X27.4；

N305 G0 X200；沿径向退出

N310 Z200 T0300；沿轴向退出

N320 M05；主轴停转

N330 M30；程序结束

（3）程序 3：子程序。

01020

N10 G01 U-2；沿径向进刀

N30 U-4 W-2；倒角

N30 Z-28；车台阶

N40 U4；车端面

N50 D03 U4 Z-45 R73.25；车削 *R*73.25 逆圆弧

N60 G02 U4Z-53 R17；车削 *R*17 逆圆弧

N70 G01 Z-60；

N90 G00 Z-18；快速返回

N100 G01 U-8；沿径向进刀

N110 M99；返回子程序

三、盘类零件的加工

图 4-10 所示的零件，毛坯直径为 150 mm，长为 40 mm，材料为 Q235，未注倒角 1×45°，其余 *Ra* 为 6.3，棱边倒钝。

1. 零件的工艺分析

该零件为典型的盘类零件，表面由内外圆柱、圆弧、倒角组成。尺寸标注完整，零件图上给定多处精度要求较高的尺寸，公差值较小，编程时按基本尺寸来编写。根据工件图样尺寸分布情况，确定工件坐标系原点取在工件右端面中心处，换刀点坐标为（200，200）。

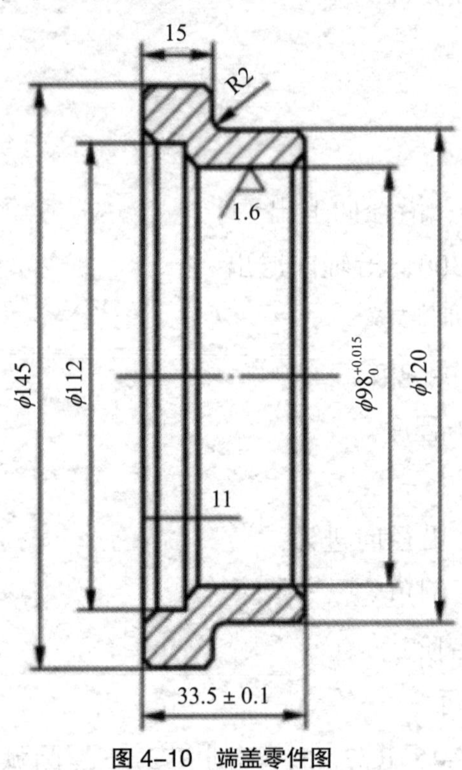

图 4–10　端盖零件图

2. 确定加工路线

加工路线按由内到外，由粗到精，由右到左的加工原则。为保证在加工时工件可靠定位，夹 ϕ120 mm 外圆，加 ϕ145 mm 的外圆及 ϕ112 mm、ϕ98 mm 的内孔。具体路线为粗加工 ϕ98 mm 的内孔→粗加工（ ϕ112 mm 的内孔→精加工 ϕ98 mm 和 ϕ112 mm 的内孔及孔底平面→加工 ϕ145 mm 的外圆。然后掉头，夹 ϕ112 mm 内孔，加工 ϕ120 min 的外圆及端面，具体路线为加工端面→加工 ϕ120 mm 的外圆→加工 *R*2 的圆弧及平面。

3. 确定刀具和夹具

采用三爪自定心卡盘定心夹紧即可。

根据加工要求需选用 4 把刀具，即 2 把外圆车刀和 2 把内孔车刀。将所选的刀具参数填写在数控加工刀具卡片中，见表 4-6。

表 4–6　数控加工刀具卡

产品名称或代号			零件名称	盘类零件	零件图号	
序号	刀具号	刀具规格和名称	数量	加工表面	刀尖半径	备注
I	T01	硬质合金 90° 外圆车刀	1	粗车外圆	0.20 mm	右偏刀
2	T02	硬质合金内孔车刀	1	粗车端面和内孔	0.15 mm	
3	T03	硬质合金 90° 外圆车刀	1	精车外圆	0.15 mm	
4	TOA	硬质合金内孔车刀	1	精车内孔	0.15 mm	
编制		审核		批准	共　页	第　页

4. **确定切削用量**

根据前面所述，确定加工的切削用量。并将确定的加工参数填写在数控加工工序卡片中，见表 4-7。

表 4–7　数控加工工序卡片

单位名称		产品名称和代号	零件名称	零件图号			
			盘类零件				
工序号	程序编号	夹具名称	使用设备	车间			
001		三爪卡盘	FANUC 0i 数控车床				
工步号	工步内容	刀具号	刀具规格 / mm	主轴转速 /（r/min）	进给转速 /（mm/min）	背吃刀量 / mm	备注
1	车端面	T02	25 × 25	400			
2	粗车内轮廓	T02	25 × 25	400	100		
3	精车内轮廓	T04	25 × 25	800	60		
4	粗车外圆	T01	25 × 25	800	100		
5	精车外圆	T03	25 × 25	1200	80	0.25	
6	掉头						
7	车右端面	T04	20 × 20	400	40		
8	粗车右端外圆	T01	20 × 20	800	100		
9	精车右端外网	T03	25 × 25	1200	80	0.25	

续表

单位名称		产品名称和代号	零件名称	零件图号			
			盘类零件				
工序号	程序编号	夹具名称	使用设备	车间			
001		三爪卡盘	FANUC 0i数控车床				
工步号	工步内容	刀具号	刀具规格/mm	主轴转速/(r/min)	进给转速/(mm/min)	背吃刀量/mm	备注
编制		审核		批　准		共 页	第 页

5. **编写加工程序**

（1）加工 ϕ145 mm 的外圆、ϕ112 mm 及 ϕ98 mm 的内孔。

07111；程序名

Nl0 G54 G98 G21；设置工件坐标系

N15 G00 X200 Z200；回换刀点

N20 M03 S400；主轴正转，转速 400 r/min

N30 T0202；换内孔车刀

N40 G00 X95 Z5；快速定位到 ϕ95 mm 直径，距端面 5 mm 处

N50 G94 X150 Z0 E100；加工端面

N60 G90 X97.5 Z-35 E100；粗加工 ϕ98 mm 内孔，留径向裕量 0.5 mm

N70 G00 X97；刀尖定位至 97 mm 直径处

N75 G90 X105 Z-10.5 F100；粗加工 ϕ112 mm 内孔

N80 G90 X111.5 Z-10.5 El00；粗加工 ϕ112 mm 内孔，留径向裕量 0.5 mm

N85 G00 X200 Z200;

N90 T0200;

N95 M05;

N100 T0404；换 4 号刀，进行内孔精加工

N105 M03 S800;

Nl10 G00 Xl18 Z2；快速定位到 ϕ118 mm 直径，距端面 2 mm 处

Nl15 G0l X112 Z-1 F60；倒角 1×45°

N120 Z-10；精加工ϕ112 mm 内孔

N125 X100；精加工孔底平面

N130 X98 Z-11；倒角 1×45°

N135 Z-34；精加工ϕ98 mm 内孔

N140 G00 X95；快速退刀到 ϕ95 mm 直径处

N145 Z200；

N150 X200；

N155 T0400；

N160 M05；

N165 T0101；换加工外圆的正偏刀

N170 M03S800；

N175 G00 X150 Z2；刀尖快速定位到ϕ150 mm 直径，距端面 2 mm 处

N180 G90 X145 Z-15 F100；加工ϕ145 mm 外圆

N185 G00 X200 Z200；

N190 M05；

N195 T0100；

N200 T0303；

N205 M03 S1200；

N210 G00 X141 ZI；

N215 G01 X147 Z-2 F80；倒角 1×45°

N220 G00 X160 Z100；刀尖快速定位到ϕ160 mm 直径，距端面 100 mm 处

N255 T0300；清除刀偏

N230 M05；

N235 M02；程序结束

（2）加工ϕ120 mm 的外圆及端面。

07112；程序名

Nl0 G54 G98 G21；设置工件坐标系

N15 G00 X200 Z200；

N20 M03 S800；主轴正转，转速 500 r/min

N30 T0404；

N40 G00 X95 Z5；快速定位到 ϕ95 mm 直径，距端面 5 mm 处

N50 G94 X130 Z0.5 F50；粗加工端面

N60 G00 X96 Z-2；快速定位到 ϕ96 mm 直径，距端面 2 mm 处

N70 G0l X100 Z0 F50；倒角 1×45°

N80 X130；精修端面

N90 G00 X200 Z200；

N95 T0400；

NI00 T0101；换加工外圆的正偏刀

NI10 G00 X130 Z2；刀尖快速定位到 130 mm 直径，距端面 2 mm 处

N120 G90 X120.5 Z-18.5 Fl00；粗加工 ϕ120 mm 外圆，留径向裕量 0.5 mm

N125 G00 X200 Z200；

N130 M05；

N135 T0100；

N140 T0303；

N145 M03 S1200；

N150 G00 X116 ZI；

N155 G01 X120 Z-1 Fl00；倒角 1×45°

N160 Z-16.5；精加工 ϕ120 mm 外圆

N165 G02 X124 Z-18.5 R2；加工 R2 圆弧

N170 G0l X143；精修轴肩面

N180 X147 Z20.5；倒角 1×45°

N190 G00 X160 Z100；刀尖快速定位到 160 mm 直径，距端面 100 mm 处清除刀偏

N200 T0300；清除刀偏

N210 M05；

N220 M02；程序结束

第五章　数控铣床编程

第一节　数控铣床概述

一、数控铣床的分类

数控铣床是一种用途很广泛的机床，在数控机床中所占的比例最大，数控铣床一般可以三轴联动，用于各类复杂的平面、曲面和壳体类零件的加工，如各种模具、样板、凸轮和连杆等。数控铣床可分为以下 3 类。

（1）立式数控铣床。

立式数控铣床的主轴轴线与工作台面垂直。其结构有固定立柱式的，其工作台做 *X*、*Y* 轴进给运动；也有工作台固定式的，其 *X*、*Y*、*Z* 向均有主轴做进给运动。立式数控铣床通常能实现三轴联动，结构简单，工件安装方便，加工时便于观察，适合于盘类零件的加工。立式数控铣床也可以附加数控转盘，采用自动交换台，增加靠模装置等来扩大它的功能、加工范围及加工对象，进一步提高生产效率。

（2）卧式数控铣床。

卧式数控铣床的主轴轴线与工作台面平行，主要用于加工箱体类零件。为了扩大加工范围和扩充功能，卧式数控铣床通常采用增加数控转盘或万能数控转盘来实现四轴、五轴加工。这样，不仅工件侧面上的连续回转轮廓可以加工出来，还可以实现在一次安装中，通过转盘改变工位进行“四面加工”。尤其是万能数控转盘可以把工件上各种不同角度的加工面摆成水平来加工，可以省去很多专用夹具或专用角度的成形铣刀。卧式数控铣床在许多方面胜过带数控转盘的立式数控铣床，所以目前已得到很多用户的重视。但卧式数控铣床机构复杂，加工时不便观察。

（3）龙门式数控铣床。

大型数控铣床多采用龙门式布局，在结构上采用对称的双立柱结构，以保证机床整体的刚性、强度。主轴可以在龙门架的横梁与溜板上运动，而纵向运动则由龙门架沿床身移动或由工作台移动来实现，工作台特大时多采用前者。龙门式数控铣床适合加工大型零件，主要在汽车、航空航天、机床等行业使用。

二、数控铣床的加工对象和数控铣削加工特点

（1）数控铣床的加工对象。

数控铣床铣削是机械加工中最常用和最主要的数控加工方法之一。除了铣削普通铣床所能铣削的各种零件表面外，它还能铣削普通铣床不能铣削的需要 2~5 坐标轴联动的各种平面轮廓和立体轮廓。立式结构的数控铣床一般适用于盘、套、板类零件加工，一次装夹后，可对工表面进行铣、钻、扩、镗、攻螺纹等工序及侧面的轮廓加工；卧式结构的数控铣床一般都带有回转工作台，一次装夹后可完成除安装面和顶面外的其余四面的各种加工工序，因此适合加工箱体类零件；万能式数控铣床的主轴可以旋转 90°，或工作台带着工件旋转 90°，一次装夹后可以完成对工件 5 个表面的加工；龙门式数控铣床适用于大型或形状复杂的零件加工。

（2）数控铣削加工特点。

①对零件加工的适应性强，能加工轮廓形状特别复杂或难以控制尺寸的零件，如模具类零件、壳体类零件等。

②能加工普通铣床无法（或很难）加工的零件，如用数学模型描述的复杂曲线类零件及 3D 曲面类零件。

③一次装夹后，可对零件进行多道工序加工。

④加工精度高，加工质量稳定可靠。

⑤生产自动化程度高，可以减轻操作者的劳动强度，有利于生产管理的自动化。

⑥生产效率高，一般可省去画线、中间检查等工作，可以省去复杂的工序，减少对零件的安装、调整等工作。能通过选用最佳工艺线路和切削用量有效地减少加工中的辅助时间，从而提高生产效率。

第二节　数控铣床编程基础

一、数控铣床的编程原则

数控铣床通过两轴联动加工零件的平面轮廓，通过两轴半控制、三轴或多轴联动来加工空间曲面零件。数控铣削加工编程有如下原则。

（1）应进行合理的工艺分析。由于零件加工的工序多，在一次装卡下，要完成粗加工、半精加工和精加工。周密合理地安排各工序的加工顺序，有利于提高加工精度和生产效率。

（2）尽量按刀具集中法安排加工工序，减少换刀次数。

（3）合理设计进、退刀辅助程序段，合理选择换刀点的位置，是保证加工正常进行、提高零件加工质量的重要环节。

（4）对于编好的程序，必须进行认真检查，并在加工前进行试运行，减少程序的出错率。

二、数控铣削编程中的坐标系

1）机床坐标系。

机床坐标系是机床上固有的坐标系，并设有固定的坐标原点。机床坐标系是制造和调整机床的基础，也是设置工件坐标系的基础，一般不允许随意改动。机床每次通电开机后，应首先进行回零操作来建立机床坐标系。

2）工件坐标系（编程坐标系）。

为确定加工时零件在机床中的位置，必须建立工件坐标系。工件坐标系采用与机床运动坐标系一致的坐标方向，工件零点要选择在便于测量或对刀的基准位置，同时要便于编程计算。

选择工件零点的位置时应注意如下事项。

①工件零点应尽量选在零件图的尺寸基准上，这样便于坐标值的计算，可以减少错误的发生。

②工件零点应尽量选在精度较高的加工面上，以提高零件的加工精度。

③对于对称的零件，工件零点应设在对称中心上。

④对于一般零件，工件零点通常设在工件外轮廓的某一角上。

⑤ Z 轴方向的零点，一般设在工件上表面。

3）数控铣削编程时应注意的问题。

（1）铣刀的刀位点。

铣刀的刀位点是指在加工程序编制中用以表示铣刀特征的点，也是对刀和加工的基准点。对于不同类型的铣刀，其刀位点的确定也不相同。盘形铣刀的刀位点为刀具对称中心平面与其圆柱面上切削力的交点；立铣刀的刀位点为刀具底平面与刀具轴线的交点；球头铣刀的刀位点为球心。因此，在编程前必须选择好铣刀的种类，并确定其刀位点，最终才能确定对刀点。

（2）零件尺寸公差对编程的影响。

在实际加工中，往往零件各处的公差带不同，若用同一把铣刀、同一个刀具半径补偿值，按基本尺寸编程进行加工，很难保证各处尺寸在其公差范围之内。

（3）确定加工路线。

①加工路线的选择应保证满足被加工零件的精度和表面粗糙度的要求，如铣削加工采用顺铣或逆铣会对表面粗糙度产生不同的影响。

②尽量使走刀路线最短，减少空刀时间。

③在数控加工时，要考虑切入点和切出点处的程序处理。

（4）刀具补偿。

①半径补偿：编制数控铣床加工程序时，在 X、Y 轴切削方向上按零件实际轮廓编程并使用半径补偿指令 C41 或 C42，使铣刀中心轨迹向左或向右偏离编程轨迹一个刀具半径。这样，一个程序可以多次运行，通过

修改刀具补偿表中的零件数值来控制每次切削量，使加工精度得到保证。

②长度补偿：刀具的长度补偿主要用于控制加工深度。通过修改刀具补偿表中的刀具长度数值来控制每次深度切削量，使加工程序短小精练。

第三节　数控铣床编程内容

以下以 SIEMENS802D 数控系统为例进行讲解。

一、SIEMENS802D 的 NC 编程基本结构

1. 程序名称

为了识别和调用程序，每个程序必须有一个程序名，如 ABCKUER_67C。在编制程序时可以按以下规则确定程序名。

（1）开头两个符号必须是字母。

（2）其后的符号可以是字母、数字或下划线。

（3）最多为 16 个字符。

（4）不得使用分隔符。

2. 程序结构和内容

NC 程序由若干个程序段组成，所采用的程序段格式属于可变程序段格式。每个程序段执行一个加工工步，每个程序段由若干个程序字组成，最后一个程序段包含程序结束符 M02 或 M30。

3. 程序字及地址符

程序字是组成程序段的元素，由程序字构成控制器的指令。程序字由以下 3 部分组成。

（1）地址符：地址符一般是一个字母。

（2）数值：数值是一个数字串，它可以带正负号和小数点。正号可以省略。一个程序字可以包含多个字母，数字与字母之间还可以用符号“=”隔开，如“CR=16.5”表示圆弧半径为 16.5 mm。此外，G 功能也可以通过一个符号名来调用，如“SCALE”表示打开比例系数。

（3）扩展地址：对于计算参数（R）、H 功能（H）、插补参数 / 中间点（I，J，K），可以通过 1~4 个数字进行地址扩展。在这种情况下可以进行赋值，如 R10=6.234，H5=12.1，I1=32.67。

4. 程序段结构

一个程序段中含有执行一个工序所需要的全部数据。程序段由若干个程序字和程序段结束符组成。在程序编写过程中进行换行或按输入键时，可以自动产生程序段结束符。

5. 字顺序

程序段中有很多程序字时，建议按如下顺序进行书写：N、G、X、Y、Z、F、S、T、D4M、HQ。

程序段号建议以 5 或 10 为间隙选择，以便修改、插入程序段时赋予程序段号。

那些不需要在每次运行中都执行的程序段可以被跳过，为此可以在这样的程序段的段号前输入斜线符“/”，通过操作机床控制面板或通过可程序化逻辑控制器（PLC）接口信号使跳跃程序段号生效。

在程序运行过程中，一旦跳跃程序段生效，则所有带“/”符的程序段都不予执行，这些程序段中的指令当然也不予考虑，程序从下一个没带斜线符的程序段开始执行。

6. 注释

利用添加注释的方法可以在程序中对程序段进行说明。注释可作为对操作者的提示显示在屏幕上。例如：

```
SKNEC896
N10  G17  G54  G94  F200  S1000 M3；主程序开始
/N20  T1  D2；程序段可以跳跃
/N30  G0  X74  Y71  Z5 M08
/N40  G1  Z-15  F80
/N50  Y-74
/N60  X-74
```

/N70 Y71

/N80 X74

N90 G0 Z100

N220 M30；程序结束

二、SIEMENSSINUMERIK802D 数控系统编程指令

1. 常用的准备功能

常用的 SINIJMERIK802D 数控系统准备功能见表 5-1。

表 5-1 常用的 SINUMERIK802D 数控系统准备功能

代码	含义	编程格式
G	G 功能（准备功能）	G_ 或符号名称，如 CIP
G00	快速定位（运动指令，模态有效）	直角坐标系：G0 X_Y_Z_ 极坐标系：G0 AP=_RP=_ 或者：G0 AP=_RP=_Z_
G01	山线插补（运动指令，模态有效）	直角坐标系：G01 X_Y_Z_ 极坐标系：G01 AP=_RP=_ 或者：G0l AP=_RP=_Z_
G02/G03	顺时针/逆时针圆弧插补（运动指令，模态有效）	G2 / C3 X_Y_I_J_F_；终点坐标和圆心 G2 / G3 X_Y_CR=_F_；终点坐标和半径 G2 / G3 AR=_I_J_F_；圆心角和圆心坐标 G2 / G3 AR=_X_Y_F_；圆心角和终点坐标 在极坐标中：G2 / G3 AP=_RP=_F_ 或者：G2 / G3 AP=_RP=_Z_F_
G04	暂停（特殊运行，程序段方式有效）	G4F_ 或 G4S_；自身程序段
G17/G18/G19	XY/ZX/YZ 平面选择（模态有效）	G17 / G18 / G19；该平面上的垂直轴为刀具长度补偿轴
G25	主轴转速下限或工作区域下限	G25S_；自身程序段 G25X_Y_Z_；自身程序段
G26	主轴转速上限或工作区域上限	G26S_；自身程序段 G26X_Y_Z_；自身程序段
G33	等螺距螺纹切削	S_M_；主轴速度和方向 G33Z_K_；在 Z 轴方向带有补偿夹具的锥螺纹切削

续表

代码	含义	编程格式
G331	螺纹插补	N10 SPOS=；主轴处于位置调节状态 N20 G331Z_K_S_；在Z轴方向不带补偿夹具攻螺纹
G332	不带补偿夹具切削内螺纹—退刀	G332 Z_K_；不带补偿夹具切削螺纹——Z退刀 螺距符号同G331
G40	刀具半径补偿取消（模态有效）	G40G0/G1X_Y_
G41/G42	刀具半径补偿—左/右（模态有效）	G41/G42G0/G1X_Y_D_
G53	按程序段方式取消可设定零点偏置	G53
G54~G59	零点偏置（第1到第6可设定零点偏置，模态有效）	G54~G59
G70/G71	英制尺寸/公制尺寸（模态有效）	G70或G71
G74/G75	回参考点/固定点	G74X_Y_Z_ 或 G75X_Y_Z_
G90/G91	绝对值/增量值编程（模态有效）	G90/G91
G94	进给率（mm/min），模态有效	G94F_
G95	主轴进给率mm / r，模态有效	G95F_
G110	极点尺寸，相对于上次编程的设定位置	C110 X_Y_；极点尺寸，直角坐标，如带 G17G110 RP=_AP=_；极点尺寸，极坐标
G111	极点尺寸，相对于当前工件坐标系的零点	G111 X_Y_；极点尺寸，直角坐标，如带 G17G111 RP=_AP=_；极点尺寸，极坐标
G112	极点尺寸，相对于上次有效的极点	G112 X_Y_；极点尺寸，直角坐标，如带 G17G112 RP=_AP=；极点尺寸，极坐标
G450	圆弧过渡	G450
G451	等距线的交点，刀具在工件转交处不切削	G45I
G500	取消可设定零点偏置	G500

2. 常用的辅助功能

SINLMERIK802D数控系统常用的辅助功能字M含义见表5-2。

表 5-2 SINUMERIK802D 数控系统常用的辅助功能字 M 含义

代码	含义	代码	含义
M00	程序暂停，按启动键重新加工	M06	更换刀具
M01	程序有条件停止	M08	切削液开
M02	程序结束	M09	切削液关
M03	主轴顺时针旋转	M30	程序结束
M04	主轴逆时针旋转	M17	子程序结束
M05	主轴旋转停止		

3. 其他地址功能

SINIMERIK802D 数控系统其他地址功能见表 5-3。

表 5-3 SINUMERIK802D 数控系统其他地址功能

代码	含义	编程格式
CIP	中间点圆弧插补（运动指令，模态有效）	CIPX_Y_Z_I1_I1_K1_F_
D	刀具补偿号（0~9，整数不带符号）	D_
TRANS / ATRANS	可编程偏置 / 附加的编程偏置	TRANS X_Y_Z_ ATRANS X_Y_Z_
ROT / AROT	可编程旋转 / 附加的可编程旋转	ROT RPL=_；在当前平面内旋转 ROT RPL=_；在当前平面内附加旋转
SCALE/ACALE	可编程比例系数 / 附加的可编程比例系数	SCZLE X_Y_Z_；在所给定轴方向的比例系数 ASCZLE X_Y_Z_；在所给定轴方向的比例系数
MIRROR/ AMIRROR	可编程镜像功能 / 附加的可编程镜像功能	MIBKOK X0；改变方向的坐标轴 AMIKBOK X0；
CALL	循环调用	CALL CTCLE82（…）；自身程序段
MCALL	模态子程序调用	Nl0 mCALL CTCLE82（…）；自身程序段，钻孔循环 N20 hOLES1（…）；排孔 N30 mCALL；自身程序段，模态调用结束
CYCLE82	钻削、沉孔加工	CALL CTCLE82（…）；自身程序段
CYCLE83	深孔钻削	CALL CTCLE83（⋮）；自身程序段
CYCLE840	带补偿夹具切削螺纹	CALL CTCLE840（…）；自身程序段
CYCLE84	带螺纹插补切削螺纹	CALL CTCLE84（…）；自身程序段
CYCLE85	铰孔	CALL CTCLE85（…）；自身程序段
CYCLE86	镗孔	CALL CTCLE86（…）；自身程序段
CYCLE88	钻孔	CALL CTCLE88（…）；自身程序段
HOLES1	钻削直线排列的孔	CALLHOLES1（…）；自身程序段

续表

代码	含义	编程格式
HOLES2	钻削圆弧排列的孔	CALL HOLES2（…）；自身程序段
POCKET3	铣矩形槽	CALL POCKET3（…）；自身程序段
POCKET4	铣圆形槽	CALL POCKET4（…）；自身程序段
CYCLE71	端面铣削	CALL CTCLE71（…）；自身程序段
CYCLE72	轮廓铣削	CALL CTCLE72（…）；自身程序段
CYCLE76	矩形过渡铣削	CALL CTCLE76（…）；自身程序段
CYCLE77	圆弧过渡铣削	CALL CTCLE77（…）；自身程序段
LONGHOLE	槽	CALL LONGHOLE（…）；自身程序段
SLOT1	圆上切槽	CALL SLOT1（…）；自身程序段
SLOT2	圆周切槽	CALL SLOT2（…）；自身程序段

三、基本指令和运动指令

1. 绝对数据输入指令和增量数据输入指令

（1）指令功能。

G90 和 G91 指令分别实现绝对数据和增量数据的输入功能，可以用于所有坐标轴。在位置数据不同于 G90 和 G91 的设定值时，可以在程序段中通过 AC/IC 指令以绝对 / 相对尺寸方式进行输入。这两个指令不决定到达终点的轨迹，轨迹由 G 功能组中的其他 G 功能指令决定（如 G0，G1，G2，G3…）。

（2）指令形式。

G90；　绝对尺寸输入

G91；　增量尺寸输入

X=AC（…）；*X* 轴以绝对尺寸输入，程序段方式

Y=IC（…）；　*Y* 轴以相对尺寸输入，程序段方式

Z=IC（…）；　*Z* 轴以相对尺寸输入，程序段方式

（3）指令说明。

在绝对值数据输入中，尺寸决定于当前坐标系，程序启动后，G90 指令适用于所有坐标轴，并且一直有效，直到在后面的程序段中由 G91 指令替代为止（模态有效）。

在增量数据输入中，尺寸表示待运行轴的位移量，移动方向由符号来

决定。G91 指令适用于所有坐标轴，并且可以在后面的程序段中由 G90 指令替代。

当 G90 指令生效时，在某一特定程序段，IC 指令允许某一单个坐标轴输入增量尺寸。当 G91 指令生效时，在某一特定程序段中，AC 指令允许某一单个坐标轴输入绝对尺寸。

以下为 G90 和 G91 指令编程示例。

N10 G90 C0 X30 Y80；绝对尺寸

N20 X75 Y=IC（–45）；*X* 仍然是绝对尺寸，*Y* 是增量尺寸

N70 G91 X50 Y40；转换为增量尺寸

N80 X20 Y=AC（18）；*X* 仍然是增量尺寸，*Y* 是绝对尺寸

2. 设定零点偏置指令

（1）指令功能。

可设定的零点偏置给出工件零点在机床坐标系中的位置（工件零点以机床零点为基准偏移）。当工件装夹到机床上后，通过对刀求出偏移量，并通过操作面板输入零点偏置区。程序可以通过选择相应的 G54~G59 调用此值，如图 5-1 所示。

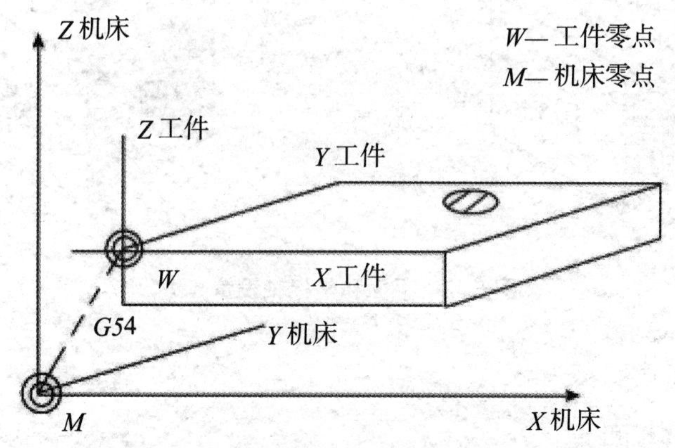

图 5–1　可设定的零点偏置

（2）指令形式。

G54；第 1 可设定零点偏置

G55；第 2 可设定零点偏置

G56；第 3 可设定零点偏置

G57；第 4 可设定零点偏置

G58；第 5 可设定零点偏置

G59；第 6 可设定零点偏置

G500；取消可设定零点偏置，模态有效

G53；取消可设定零点偏置，程序段方式有效，可编程的零点偏置也一起取消

G153；同 G53，取消附加的基本偏置

3. 平面选择指令

（1）指令功能。

平面选择指令 G17、C18、G19 分别用于指定程序段中刀具的圆弧插补平面和刀具半径长度补偿的坐标轴为所选平面的垂直坐标轴，在笛卡儿直角坐标系中分别构成 3 个平面，如图 5-2 所示。

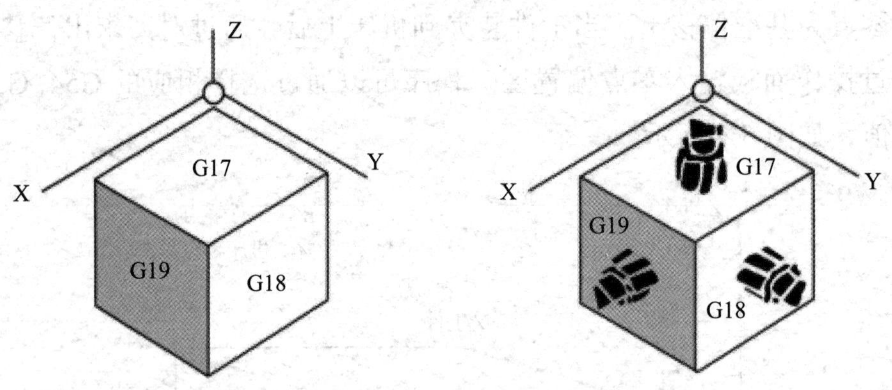

图 5-2 平面和坐标轴设置

（2）指令形式

G17；选择 *XY* 面

G18；选择 *XZ* 面

G19；选择 *YZ* 面

4. 快速运动指令

（1）指令功能。

G00 指令用于快速定位刀具，未对工件进行切削加工。可以在多个轴

上同时执行快速移动。

（2）指令形式。

G00 X_Y_Z_;

（3）指令说明。

① X、Y、Z 为终点坐标，坐标值取绝对值还是取增量值由 G90/G91 指令来决定。

② G00 快速运动时，按机床参数快速设定值移动，所编 F 进给率无效。G00 是模态指令。

③使用 G00 指令时，刀具的实际运动路线并不一定是直线，而是一条折线。因此，要注意刀具是否与工件和夹具发生碰撞。

5. 带进给率的直线插补指令

（1）指令功能。

G01 指令使刀具以直线的方式从起始点移动到目标位置，以地址 F 编程的进给速度运行，G01 也可以写成 G1，G1 后面所有坐标轴可以同时运行。

（2）指令形式。

G01 X_Y_Z_F_;

（3）指令说明。

① G01 指令后的坐标值取绝对值还是取增量值由 G90/G91 指令来决定。

② F 的单位由直线进给率或旋转进给率指令确定。

6. 圆弧插补指令

（1）指令功能。

圆弧插补指令使刀具在指定平面内按给定的进给速度 F 做圆弧运动，切削出圆弧轮廓。运动方向由 G 功能定义，G02 指令执行顺时针方向圆弧插补；G03 指令执行逆时针方向圆弧插补，如图 5-3 所示。

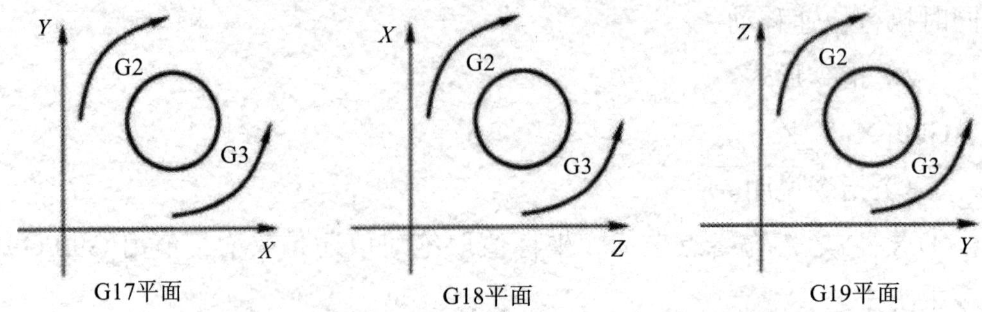

图 5-3　圆弧插补 G02/G03 在 3 个平面中的方向规定

（2）指令形式。

G17 G02/G03 X_Y_I_J_F_；圆弧终点与圆心

G17 G02/G03 CR=_X_Y_；半径和圆弧终点

G17 G02/G03 AR=；圆心角和圆心

G17 G02/G03 AR=_X_Y_F_；圆心角和圆弧终点

（3）指令说明。

X、Y：圆弧终点坐标，坐标值取绝对值还是取增量值由 G90/G91 指令来决定。

I、J：圆心相对于圆弧起点的增量坐标，与 G90/C91 指令无关。

CR，圆弧半径。当圆心角 α<180° 时，CR 为正；当圆心角 α > 180° 时，CR 为负。

AR：圆心角，取值范围为 0~360° 。

F：进给速度。

（4）注意：只有用圆心和终点定义的程序段才可以编制整圆。

以下示例为铣削图 5-4 所示的曲线轮廓。

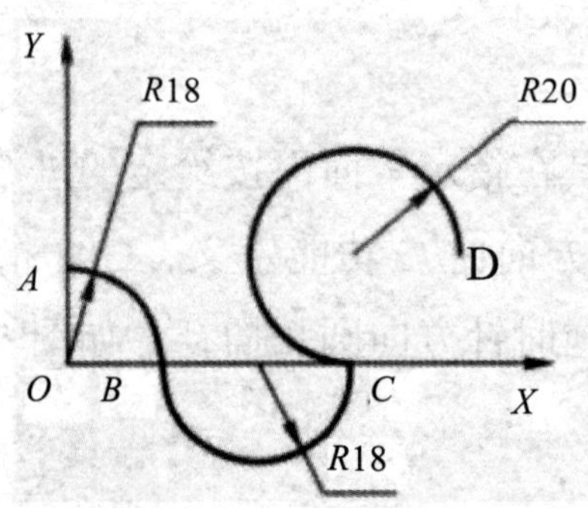

图 5-4　G02、G03 编程举例

设 A 点为起刀点，刀中心从 A 点沿 $A \to B \to C \to D$ 加工 3 段圆弧后，快速返回 A 点。程序代码如下：

```
SXWEC89
N10 T1 D1 M03 S500;
N20 G54 G90 G0 X0 Y18;
N30 G02 X18 Y0 10 J-18 F100；采用终点和圆心进行圆弧编程
N30 G03 CR=18 X54 Y0；采用终点和半径进行圆弧编程
N40 G02 X74 Y20 CR=-20；采用终点和圆心进行圆弧编程
N50 G00 Z18;
N60 M02;
```

7. **螺旋插补指令**

（1）指令功能。

螺旋插补指令是两种运动的合成，一种是在 G17、G18 或 G19 平面内的圆弧插补运动，另一种是垂直于该平面的直线插补运动。

（2）指令形式。

G17 G02/G03 X_Y_Z_I_J_TURN=_;

G17 G02/G03 CR=_X_Y_Z_TURN=_;

G17 G02/G03 AR=_X_Y_Z_TURN=_;

G17 G02/G03 AR=_I_J_TURN=_;

（3）指令说明。

① X、Y、Z 为圆弧终点坐标。

② I、J 为圆心位置。

③ CR 为圆弧半径。

④ AR 为圆心角。

⑤ TURN 为圆弧经过起点的次数，即整圆的圈数，取值范围为 0~999。螺旋插补可用于铣削螺纹或沟槽。

8. **极坐标指令**

（1）指令功能。

当工件尺寸以一个固定点（极点）的半径和角度来设定时，往往要使用极坐标系，如图 5-5 所示。

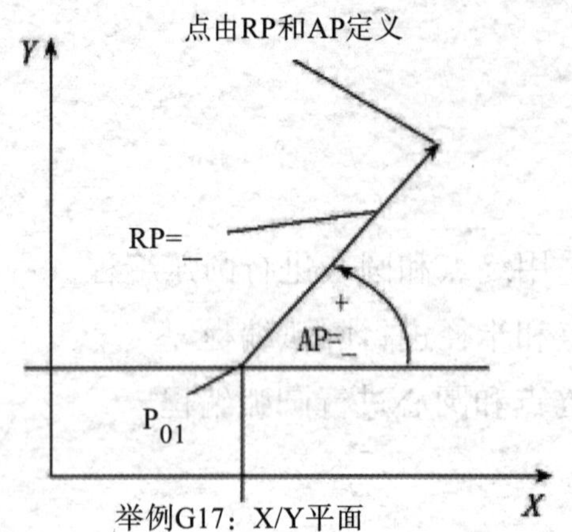

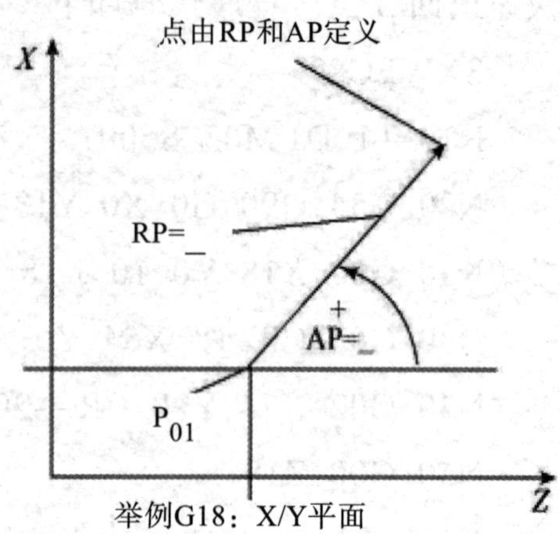

图 5-5　在不同平面中正方向的极坐标半径和夹角

极坐标半径 RP 指该点到极点的距离。该值一直保存，只有当极点发生变化或平面改变后才重新编程。极坐标角度 AP 指与所在平面中的横坐标轴之间的夹角，该角度可以是正角，也可以是负角；该值一直保存，只有当极点发生变化或平面改变后才重新编程。

（2）编程格式。

G110；极点定义，相当于上次编程的设定位置（在平面中，如 G17）

G111；极点定义，相当于当前工件坐标系的零点（在平面中，如 G17）

G112；极点定义，相当于最后有效的极点平面不变

当一个极点已经存在，极点也可以用极坐标来定义。如果没有定义极点，当前工件坐标系的零点就作为极点使用。

以下为极坐标编程示例。

N10 G17；*XY* 平面

N20 G111 X17 Y36；在当前工件坐标系中的极点坐标

N80 G112 AP=45 RP=27.8 ；新的极点，相当于上一个极点，作为一个极坐标

N90 AP=12.5 RP=47.678 ；极坐标

N100 AP=26.3 BP=7.344 Z4 ；极坐标和 *Z* 轴（柱面坐标）

四、坐标变换指令

1. **零点偏置指令** TRANS、ATRANS

（1）指令功能．

在已有的坐标系中建立一个新的工件坐标系，新输入的尺寸均是以该零点为基准的数据尺寸，零点偏移可以在所有坐标轴中执行，如图 5-6 所示。

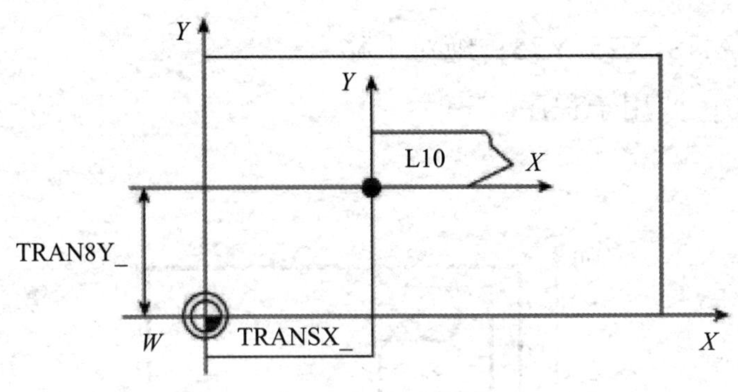

图 5–6 可编程的零点偏移

（2）指令形式

TRANS X_Y_Z_；

ATRANS X_Y_Z_；

TRANS；

（3）指令说明。

① TRANS 为绝对指令，参照当前工件原点（G54~G59）进行工件原点的绝对平移。该指令必须在单独的程序段内进行编程。

② ATRAMS 为增量指令，参照现行有效的工件原点或当前已经进行过坐标系变换的原点，再次进行增量变换。

③ X、Y、Z 为所规定的坐标轴上的偏移值。

④不带坐标轴参数的 TRANS 指令可以撤销已经生效的全部坐标系变换。

如图 5-7 所示，对有多个相同轮廓的工件进行加工时，可以将该工件的轮廓加工顺序存储在子程序中，采用先设定这些工件零点的变换，然后再调用子程序的方法实现这些工件的加工。程序代码如下。

N10 G17 G54；选择加工平面，设定工件原点

N20 G0 X0 Y0 Z2；接近起始点

N30 TRANS X25 Y25；绝对平移

N40 L10；调用子程序

N50 TRANS X75 Y25；绝对平移

N60 L10；调用子程序

N70 TRANS X25 Y75；绝对平移

N80 L10；调用子程序

…

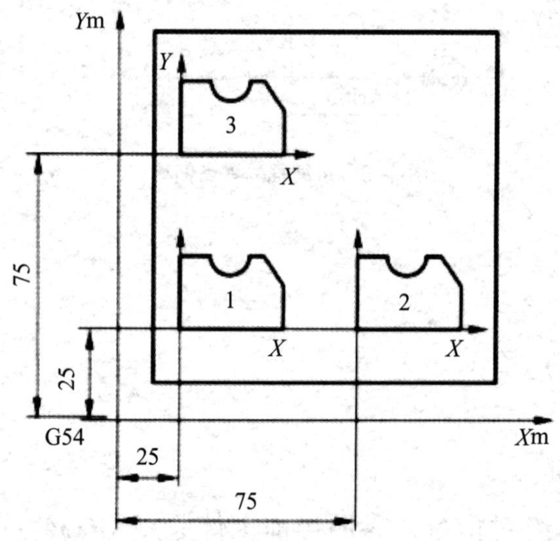

图 5-7　用坐标系变换加工相同轮廓工件示意图

2. 旋转指令 ROT、AROT

（1）指令功能。

旋转指令的作用是在当前的平面 Gl7、G18 或 G19 中，使编程图形按照指定的旋转中心执行旋转，如图 5-8 所示。

（2）指令形式

ROTRPL=_;

AROTRPL=_;

ROT;

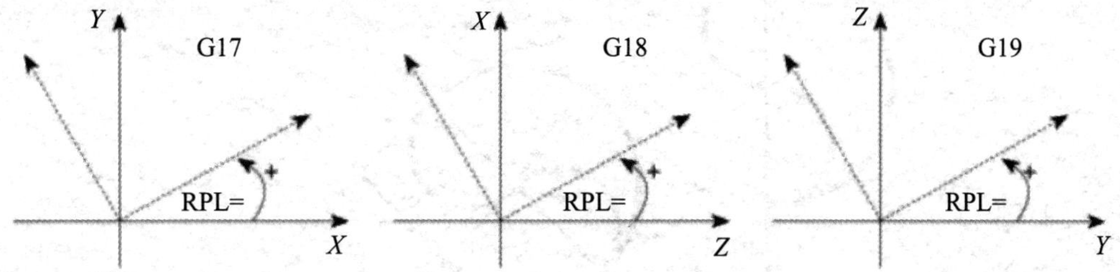

图 5–8 在不同的平面中旋转角正方向的定义

（3）指令说明。

旋转指令可以将当前工件坐标系在所选平面内围绕其原点进行旋转，但必须在单独的程序段内进行编程。

① ROT：绝对旋转指令。

② AROT：增量旋转指令。

③ RPL：指定坐标系的旋转角度（单位是°），在所选平面内坐标系按该角度旋转。

④旋转方向：从第 3 坐标轴的正方向观察所选平面，逆时针的方向为正向。

⑤可用单独的 ROT 指令撤销所有坐标系变换。

以下为对图 5-9 所示的图形用旋转变换指令进行编程的示例。

主程序代码如下。

EDE-66

N10 G54 G90 G17 S800 M03;

N20 L10；调用子程序 L10 加工（1）

N30 ROTRPL=45；旋转 45°

N40 L10；调用子程序 L10 加工（2）

N50 AROTRPL=45；附加旋转 45°

N60 L10；调用子程序 L10 加工（3）

N70 ROT；取消旋转

N80 M05 m30

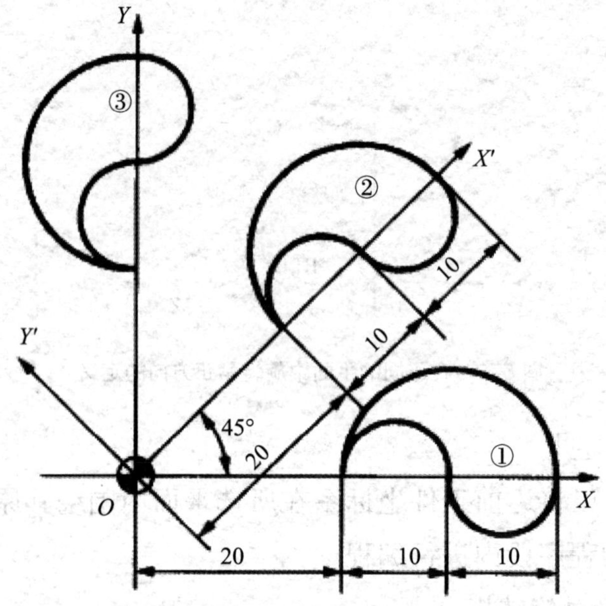

图 5-9　可编程旋转编程示例

【子程序 L10 的加工程序代码】

```
L10
N100  G90  G01  X20  Y0  F100;
N110  G2  X30  YO  R5;
N120  G3  X40  YO  R5;
N130  G3  X20  Y01-10J0;
N140  G0  X0  Y0;
N150  RET;
```

3. **比例缩放指令** SCALE、ASCALE

（1）指令功能。

使用 SCALE 和 ASCALE 指令可以使所有坐标轴按编程的比例系数放大或缩小，该指令必须在单独程序段内编程。

（2）指令形式。

```
SCALE  X_Y_Z_;
ASCALE  X_Y_Z_;
SCALE;
```

（3）指令说明。

① SCALE：绝对缩放。以选定的 G54~G59 为参考。

② ASCALE：增量缩放。以当前坐标系为参考。

③ X、Y、Z：各坐标轴方向上的比例系数。

④可用单独的 SCALE 指令撤销先前所有坐标系变换。

如果在 SCALE 指令后应用了坐标平移指令，各轴必须用相同的比例系数。

以下为对图 5-10 所示的图形进行编程示例。

N10 G17 G54；

N20 TRANS X15；

N30 L10；

N40 TKANS X40；

N50 AROT RPL=35；平面旋转 35°

N60 ASCALE X0.7 Y0.7；比例缩小

N70 L10；

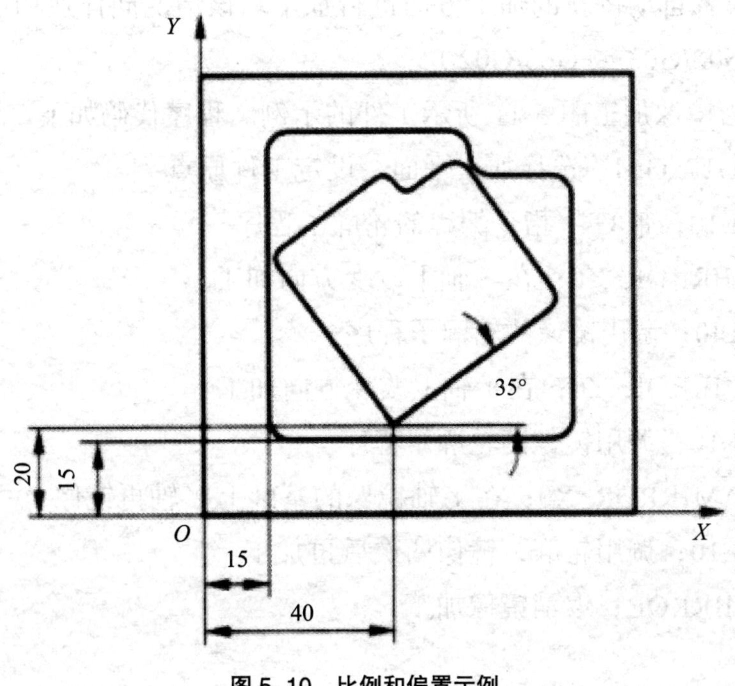

图 5–10　比例和偏置示例

4. 镜像加工指令 MIRROR 和 AMIRROR

（1）指令功能。

用 MIRROR 和 AMIRROR 指令可以对工件进行镜像加工，编制镜像加工的坐标轴，其所有运动都以反向进行。

（2）指令形式。

MIRROR X0 Y0 Z0；

AMIRROR X0 Y0 Z0；

MIRROR；

（3）指令说明。

① MIRROR：绝对镜像，以选定的 G54~G59 为参考。

② AMIRROR：叠加镜像，以现行的坐标系为参考。

③ X、Y、Z：将要进行方向变更的坐标轴，其后的数值没有影响，但必须要给定一个数值。

④可用单独的 MIRROR 指令撤销先前所有坐标系变换。

该指令可以按控制系统的功能变更轨迹补偿指令（G41/G42 或 G42/G41），或者自动按新的加工方向进行加工。该情况同样适用于圆弧的旋转方向（G02/G03 或 G03/G02）。

以下为镜像加工图 5-11 所示工件的示例。程序代码如下。

N10 G17 G54；选择加工平面，设定工件原点

N20 L10；带 G41 指令编程的轮廓子程序

N30 MIRROR X0；在 *X* 轴上改变方向加工

N40 LI0；调用镜像的轮廓子程序

N50 MIRROR Y0；在 *Y* 轴上改变方向加工

N60 L10；调用镜像的轮廓子程序

N70 AMIRROR X0；在 *Y* 轴镜像的基础上 *X* 轴再镜像

N80 L10；调用轮廓，镜像两次后再加工

N90 MIRROR；取消镜像加工

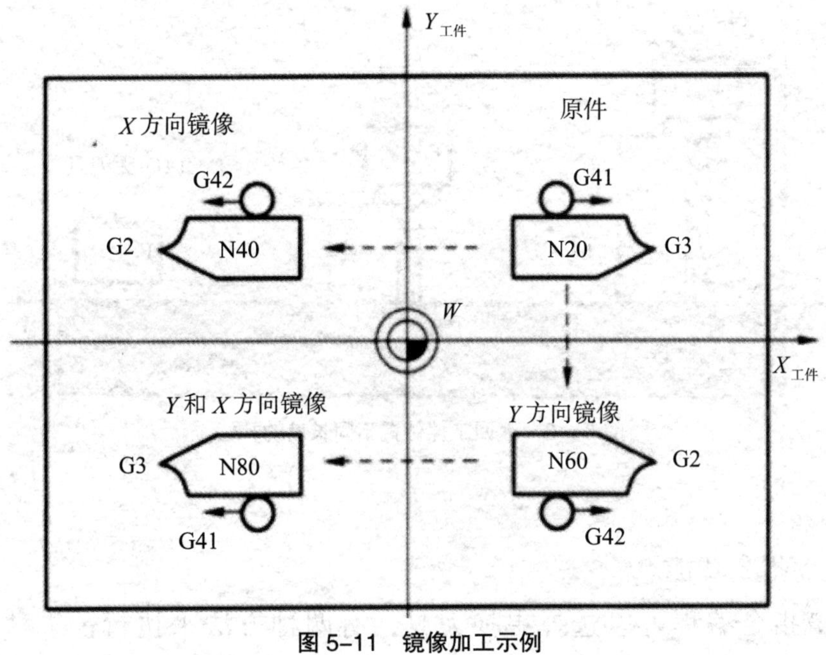

图 5-11 镜像加工示例

五、刀具及刀具补偿指令

刀具补偿指令的作用是，编程时无须考虑刀具长度或半径，可以直接根据图纸对工件尺寸进行编程。刀具参数事先输入刀具参数存储区，在程序中只要调用所需的刀具号及其补偿号，控制器利用这些参数就能自动计算所要求的补偿轨迹，从而加工出符合要求的工件，如图 5-12 和图 5-13 所示。

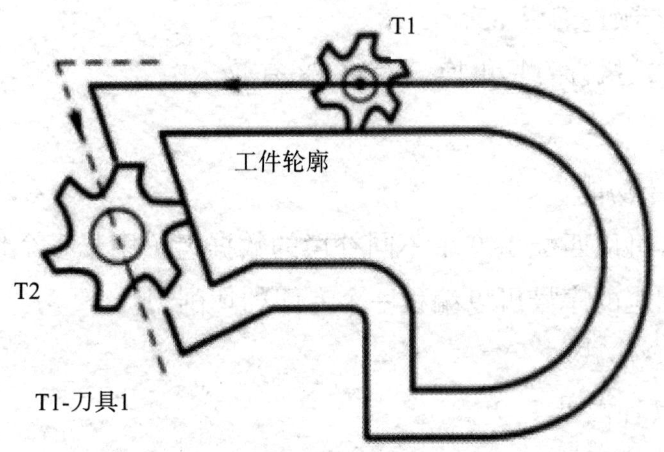

图 5-12 用不同半径的刀具加工工件

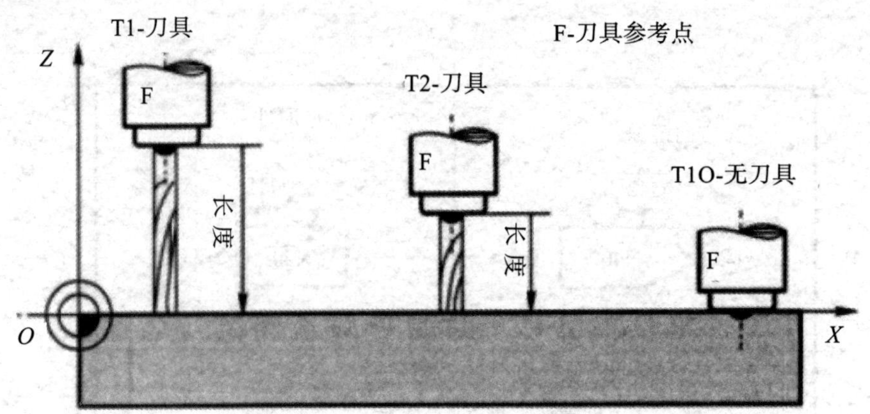

图 5-13　返回工件位置不同长度的补偿

1.T 指令

（1）指令功能。

用 T 指令编程可以选择更换刀具，有两种方法来执行：一种是用 T 指令直接更换刀具；另一种是仅用 T 指令预选刀具，另外还要用 M06 指令配合，才可以进行刀具更换。

（2）T 指令编程举例。

①不用 M06 指令更换刀具的程序代码如下。

N10Tl；刀具 1

…

N80T6；刀具 6

②用 M06 指令更换刀具的程序代码如下。

N10 T8；预选刀具 8

N20 M06；执行刀具更换，然后 T8 有效

2.D 指令

（1）指令功能。

一个刀具可以匹配 1~9 个不同补偿的数据组（用于多个切削刃）。用 D 指令及其相应的序号可以编程一个专门的切削刃。

（2）指令形式。

D_；刀具补偿号 1~9

D0；补偿值无效

（3）指令说明。

①刀具调用后，刀具长度补偿立即生效；如果没有编程 D 序号，则 D1 值自动生效。

②先编程的长度补偿先执行，对应的坐标轴也先运行。

③刀具半径补偿必须与 G41/G42 指令一起执行。

④系统最多可以同时存储 64 个刀具补偿数据组。

以下为 D 指令编程示例。

N10 TI；刀具 D1 值生效

N20 G00 X_Y_；对不同刀具长度的差值进行覆盖

N50 T4 D2；更换成刀具 4，对应于 T4 中 D2 值生效

N80 G00 ZD1；刀具 4 中 D1 值生效，在此仅更换切削刃

3. 刀具半径补偿指令

（1）指令功能。

当刀具半径补偿指令激活时，数控系统自动地为不同的刀具计算出等距离的刀具路径。

（2）指令形式。

G40 G00/G01 X_Y_；取消刀具半径补偿

G41 G00/G01 X_Y_；刀具半径左补偿

G42 G00/G01 X_Y_；刀具半径右补偿

工件轮廓左侧 / 右侧补偿如图 5-14 所示。

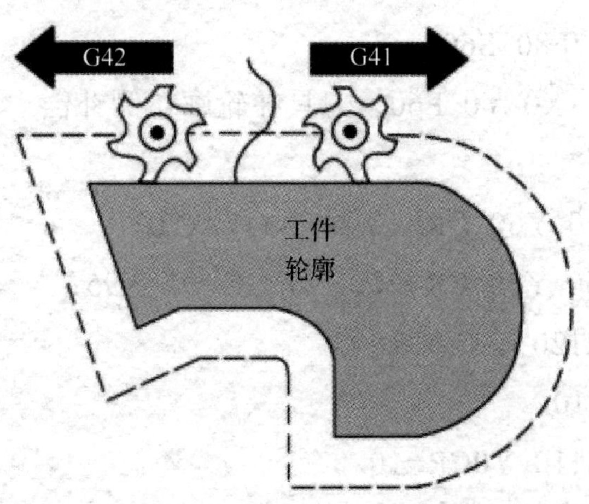

图 5-14　工件轮廓左侧 / 右侧补偿

（3）指令说明。

①半径补偿必须在所选平面中进行。

②只有在线性插补（G00、G01）时，才可以进行 G41/G42 指令的选择。

③只有在线性插补（G00、G01）时，才可以取消补偿运行。

④改变补偿方向时，可以直接用 G41/G42 指令编程，不必用 G40 指令进行中间过渡。

以下示例为对图 5-15 所示的样板零件进行铣削，深度为 5 mm。

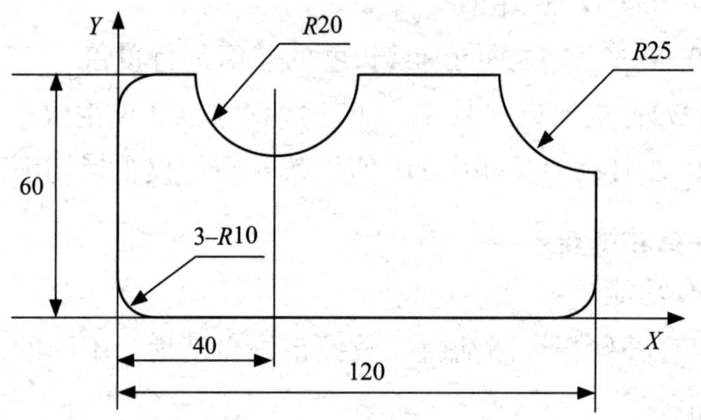

图 5–15　刀具半径补偿举例

程序代码如下。

N10 T1 D1；1 号刀，补偿号 D1

N20 G54；建立工件坐标系

N30 G0 G17 G90 X-10 Y-10 Z5；快速运动到起始点

N30 G1 Z，7F80 S600 m3；

N40 G41 G1 X0 Y0 F60；刀具在轮廓左侧补偿

N50 Y50

N60 G02 X10 Y60 CR=10 N70 G1 X20；

N80 G03 X60 Y60 CR=20 N90 GO=01 X95；

N100 G03 X120 Y35 CR=25

N110 G01 Y10

N120 G02 X110 Y0CR=10

N130 G01 X10

```
N140 G02 X0 Y10 CR=10
N150 G40 X-10 Y-10；取消刀具半径补偿
N160 G0 Z50
N170 M05
N180 M30
```

六、主轴和进给指令

1. 进给指令格式

G94 F_；直线进给率，单位为 mm/min

G95 F_；旋转进给率，单位为 mm/r（只有主轴旋转才有意义）

2. 主轴转速 S

S 指令规定了机床主轴旋转速度值。

3. 主轴转速极限指令

（1）指令功能。

主轴转速极限指令可以限定特定情况下主轴的极限值范围。

（2）指令形式。

G25S_；主轴转速下限

G26S_；主轴转速上限

（3）指令说明。

G25 或 G26 指令均要求一独立的程序段，原先编程的转速 S 保持存储状态。

七、子程序

1. 使用子程序

（1）子程序的作用。

子程序用于编写经常重复加工的某一确定的轮廓形状。子程序可以在主程序或其他子程序中被调用和执行。

（2）子程序的结构。

子程序的结构与主程序的结构相同，子程序以 M17 结束（返回）。

（3）带 RET 的子程序。

在子程序中，程序结尾符 RET 可以替换 M17，RET 必须单段编程，RET 一般用于当 G64 连续切削状态在返回时不被打断的情况，而 M17 用于打断 G64 并产生一个准确定位。

（4）子程序的命名。

子程序名可以自由选取，但必须符合以下规定。

①开始两个符号必须是字母。

②其他符号为字母、数字或下划线。

③最多 16 个字符。

④不能用分隔符。

另外，子程序还可以使用地址字 L_，其后的值可以有 7 位（只能为整数）。子程序名 L6 专门用于换刀。

（5）子程序嵌套。

子程序不仅可以被主程序调用，也可以被其他子程序调用，这个过程称为子程序嵌套。子程序的嵌套深度为 8 层，也就是说，从主程序开始可以最多调用 7 层子程序。

2. 调用子程序

在一个程序中（主程序或子程序）可以直接用子程序名调用子程序，调用子程序要求占用一个独立的程序段。用 P 后的数字表示调用次数，示例如下。

N10 L789；调用子程序 L789

N20 AFESM7；调用子程序 AFGSM7

N30 ABCEY85 P3；调用子程序 ABCEY85，运行 3 次

八、固定循环

循环是用于特定加工过程的工艺子程序，如用于钻孔、铣槽切削或螺纹切削等。循环用于各种具体加工过程时，只要改变循环指令和参数

就可以。编辑程序时，在面板上调用相应的循环指令，根据图形显示，修改参数即可。按确认键，需要的参数即传送进入程序。表 5-4 所列的是 SIEMENS 系统常用的循环指令。

表 5-4　SIEMENS 系统常用的循环指令

符号	含义	符号	含义
CYCLE81	钻孔，中心钻孔	HOLES2	加工圆周孔
CYCLE82	中心钻孔	CYCLE71	端面铣削
CYCLE83	深度钻孔	CYCLE72	轮廓铣削
CYCLE84	刚性攻丝	CYCLE76	矩形过渡铣削
CYCLE840	带补偿卡盘攻丝	CYCLE77	圆弧过渡铣削
CYCLE85	铰孔 1（镗孔 1）	LONGHOLE	槽
CYCLE86	镗孔（镶孔 2）	SLOT1	圆上切槽
CYCLE87	铰孔 2（镗孔 3）	SLOT2	圆周切槽
CYCLE88	镗孔时可以停止 1（镗孔 4）	POCKET3	矩形凹槽
CYCLE89	镗孔时可以停止 2（镗孔 5）	POCKET4	圆形凹槽
HOLES1	加工排孔	CYCLE90	螺纹铣削

1. 中心钻孔 CYCLE 82

（1）指令功能。

本指令使刀具以编程的主轴转速和进给速度钻孔，到达最终钻孔深度后，可实现孔底停留，退刀时以快速退刀。中心钻孔循环过程如图 5-16 所示。中心钻孔指令的参数如表 5-5 所示。

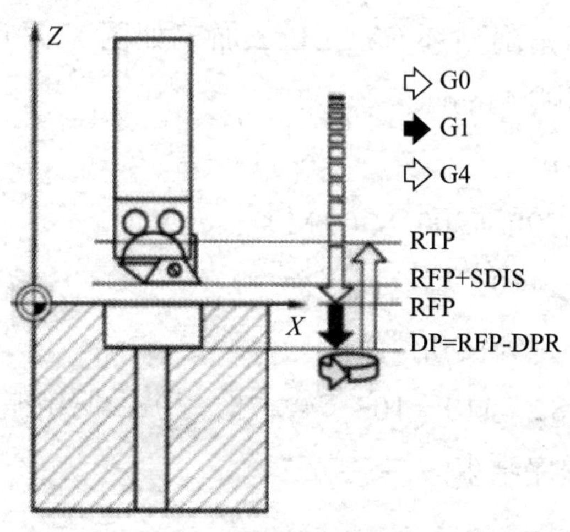

图 5-16　中心钻孔循环过程

表 5-5　CYCLE82 的主要参数

参数	含义
RTP	返回平面（绝对值）
RFP	参考平面（绝对值）
SDIS	安全间隙（无符号输入）
DP	最终钻孔深度（绝对）
DPR	相当于参考平面的最终钻孔深度（无符号输入）
DTB	达到最终钻孔深度时的停顿时间（断屑）

（2）参数说明。

① RFP 和 RTP（参考平面和返回平面）：通常参考平面（RFP）和返回平面（RTP）具有不同值。返回平面到最终钻孔深度的距离大于参考平面到最终钻孔深度间的距离。

② SDIS（安全间隙）：安全间隙作用于参考平面，参考平面由安全间隙产生。安全间隙作用的方向由循环自动决定。

③ DP 和 DPR（最终钻孔深度）：最终钻孔深度可以定义成参考平面的绝对值或相对值，如果是相对值定义，循环会采用参考平面和返回平面的位置自动计算相应的深度。如果一个值同时输入给 DP 和 DPR，最终钻孔深度则来自 DPR。

④ DTB（停顿时间）：到达最终钻孔深度的停顿时间（断屑），单位为 s。

以下示例为用钻削循环 CYCLE82 加工如图 5-17 所示的孔，孔底停留时间 2s，安全间隙 4 mm。

编制的程序如下。

N10 G0 Gl7 G90 F200 S300 M03；

N20 D1 T10 Z110；到返回平面

N30 X25 Y15；到钻孔位置

N40 CYCLE 82（110，102，4，75，2）；调用循环

N50 M30；程序结束

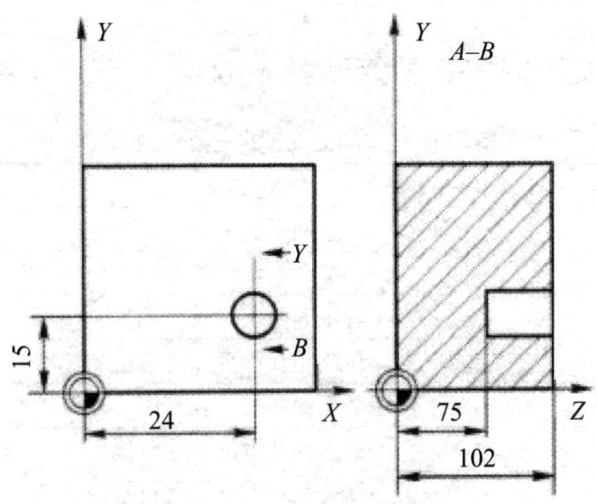

图 5–17　CYCLE82 循环编程举例

2. 深度钻孔 CYCLE 83

（1）指令功能。

本指令可用于深孔钻削循环加工，通过分步钻入达到最终的钻深。钻削既可以在每步到钻深后，提出钻头到其参考平面外加一个安全间隙的位置，达到排屑目的。也可以每次上提 1 mm 以便断屑，调用循环指令前必须选择平面，并且选取钻头的刀具补偿值。循环过程如图 5-18 所示。

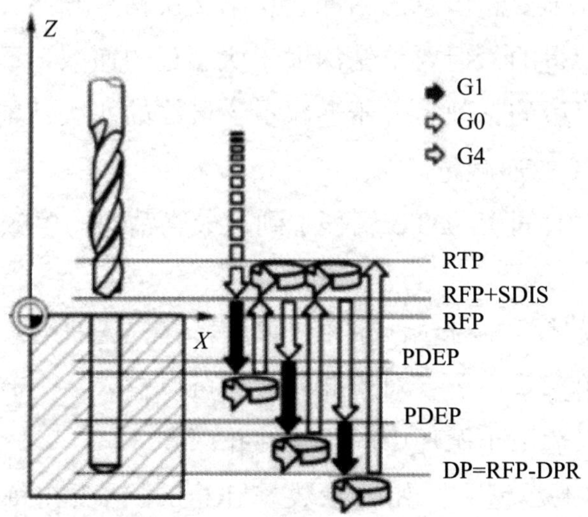

图 5–18　深度钻孔循环过程

（2）调用格式。

CYCLE83（RTP，RFP，SDIS，DP，DPR，FDEP，FDPR，DAM，

DTB，DTS，FRF，VAIU）；

该固定循环中使用的主要参数见表 5-6。

表 5-6　CYCLE 83 的主要参数

参数	含义
RTP	返回平面（绝对值）
RFP	参考平面（绝对值）
SDIS	安全间隙（无符号输入）
DP	最终钻孔深度（绝对值）
DPR	相对于参考平面的最终钻孔深度（无符号输入）
FDEP	第一钻孔深度（绝对值）
FDPR	第一钻孔相对深度（无符号输入）
DAM	每次钻深（无符号输入）
DTB	孔底延时时间
DTS	在钻孔起始点的延时
FRF	第一钻孔时的进给率系数（无符号输入），取值范围为 0.001~1
VARI	加工类型：断屑 =0 排屑 =1

（3）参数说明

①参数 RTP、RFP、SDIS、DP 和 DPR，参见 CYCLE82 循环。

② DP（或 DPR）、FDEP（或 FDPR）和 DAM：以孔深度和递减量为基础，首次钻深不要超出总的钻深；从第 2 次钻深开始，冲程由上一次钻深减去递减量获得的，但要求钻深大于所编程的递减量；当剩余量大于两倍递减量时，以后的钻削量等于递减量；最终的两次钻削行程被平分，所以始终大于 50% 的递减量。

③ DTB（停顿时间）：DTB 编程了到达最终钻深的停顿时间（断屑），单位为 s。

④ DTS（停顿时间）：起始点的停顿时间只在 VARI=1（排屑）时执行。

⑤ FRF（进给率系数）：对于此参数，可以输入一个有效进给率的缩减系数，该系数只适用于循环中的首次钻孔深度。

⑥ VARI（加工类型）：如果参数 VARI=0，钻头在每次到达钻深后退回 1 mm，用于断屑；如果 VARI=1（用于排屑），钻头每次移动到安全间隙前的参考平面。

以下示例为用钻孔循环 CYCLE83 加工图 5-19 所示的孔。

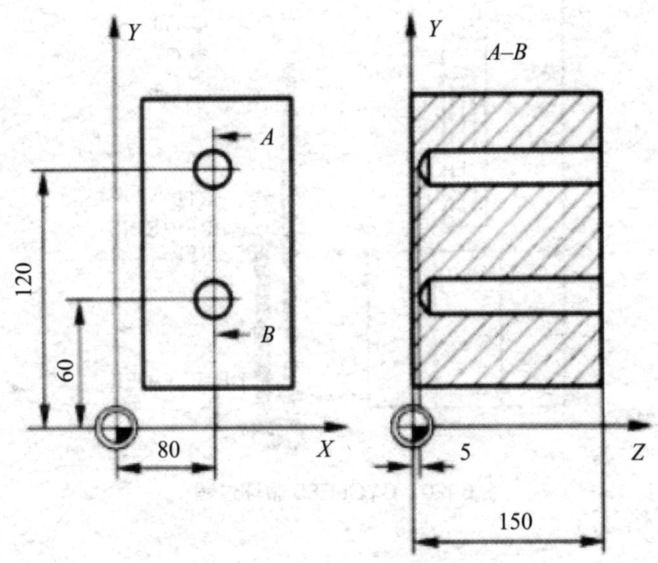

图 5-19 CYCLE 83 循环编程示例

首次钻孔时，停顿时间为 0 且加工类型为断屑。最后钻深和首次钻深的值为绝对值，第 2 次循环中调用编程的停顿时间为 1s，选择加工类型是排屑，最终钻孔深度是相对于参考平面而言的。这两种加工方式下的钻孔轴都是 *Z* 轴。程序代码如下。

```
N10 G0 G17 G90 F50 S500 M04;
N2O D1 T12;
N30 Z155;
N40 X80 Y120;
N50 CYCLE 83（155，150，1，5，0，100，20.0，0，1，0）；
N60 X80 Y60;
N70 CYCLE 83（155，150，1，145，50，20，1，1，0.5，1）；
N80 M30;
```

3. 铰孔（镗孔）（CYCLE 85）

（1）指令功能。

本指令使刀具按编程的主轴速度和进给率钻孔，直至到达规定的最终孔深度。向内、向外移动的进给率分别是参数 FFR 和 RFF 的值。CYCLE85 循环过程如图 5-20 所示。

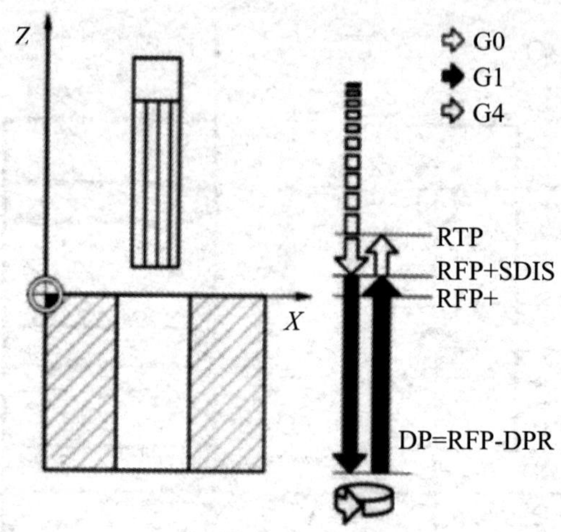

图 5-20 CYCLE85 循环过程

（2）调用格式。

CYCLE85（RTP，RFP，SDIS，DP，DPR，DTB，FFR，RFF）

该固定循环中使用的主要参数见表 5-7。

表 5-7 CYCLE 85 的主要参数

参数	含义
RTP	返回平面（绝对值）
RFP	参考平面（绝对值）
SDIS	安全间隙（无符号输入）
DP	最终钻孔深度（绝对值）
DPR	相对于参考平面的最终钻孔深度（无符号输入）
DTB	最终钻孔深度时的停顿时间（断屑）
FFR	进给率
RFF	退回进给率

（3）参数说明。

①参数 RTP、RFP、SDIS、DP、DPR 和 DTB 参见 CYCLE82 循环。

② FFR（进给率）：钻孔时 FFR 下编程的进给率值有效。

③ RFF（退回进给率）：从孔底退回到参考平面加上安全间隙时，RFF 下编程的进给率值有效。

以下示例为用镗削循环 CYCLE85 加工图 5-21 所示的孔，无孔底停留时间，安全间隙为 2 mm。程序代码如下。

N10 T2 D2；选刀，起用刀补偿

N20 G18 G90 F1000 S500 M03；选择 *XZ* 平面

N30 G0 X50 Y105 Z70；刀具到孔位置

N40 CYCLE85（105，102，2，，25，，300，450）；调用循环，未编程停顿时间

N50 m30；程序结束

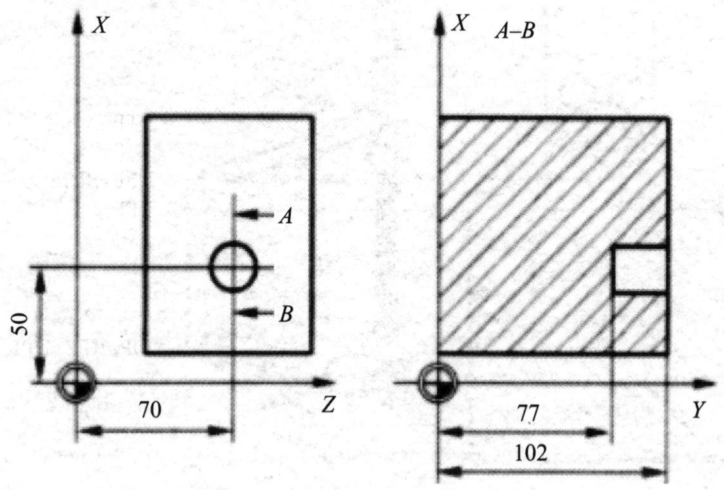

图 5–21　CYCLE85 循环编程示例

4. 镗孔 CYCLE86

（1）功能。

刀具按照设置的主轴转速和进给率进行镗孔，直至达到最终深度。镗孔时，一旦到达镗孔深度，便激活了主轴定位停止功能。然后，主轴从返回平面快速移动到设置的返回位置。循环过程如图 5-22 所示。

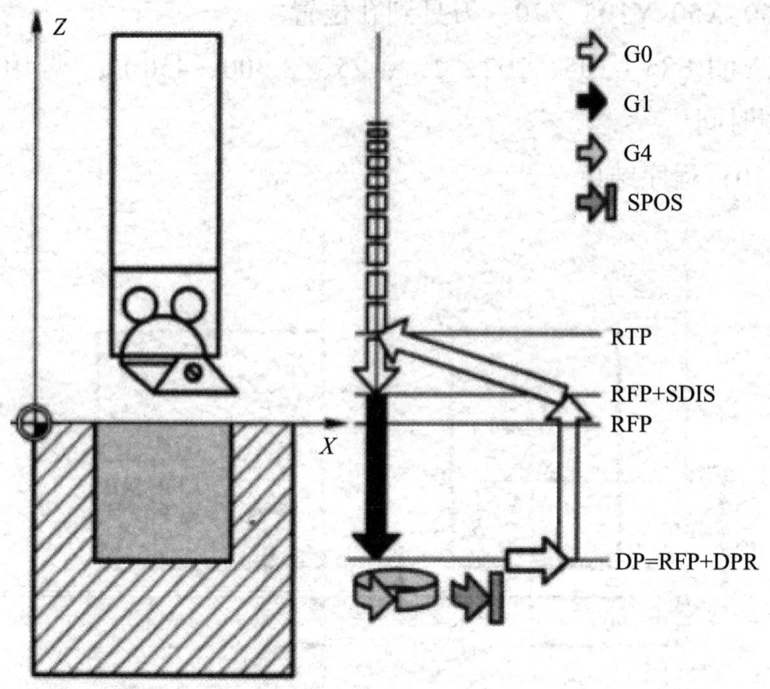

图 5-22　CYCLE86 循环过程

（2）调用格式。

CYCLE86（RTP，RFP，SDIS，DP，DPR，DTB，SDIR，RPA，RPO，RPAP，POSS）；

该固定循环中使用的主要参数见表 5-8。

表 5-8　CYCLE86 的主要参数

参数	含义
RTP	返回平面（绝对值）
RFP	参考平面（绝对值）
SDIS	安全间隙（无符号输入）
DP	最终钻孔深度（绝对值）
DPR	相对于参考平面的最终钻孔深度（无符号输入）
DTB	最终钻孔深度时的停顿时间（断屑）
SDIR	旋转方向值：3（用于 M03）/4（用于 M04）
RPA	平面中第 1 轴上的返回路径（增量，带符号输入）
RPO	平面中第 2 轴上的返回路径（增量，带符号输入）
RPAP	镗孔轴上的返用路径（增量，带符号输入）
POSS	循环中主轴定位停止角度

（3）参数说明。

①参数 RTP、RFP、SDIS、DP、DPR 和 DTB 参见 CYCLE82 循环。

② DTB（停顿时间）：DTB 设置到最终镗孔深度时的停顿时间。

③ SDIR（旋转方向）：使用此参数可以定义循环中进行镗孔时的旋转方向。如果参数的值不是 3 或 4（M03/M04），则产生报警且不执行循环。

④ RPA（第 1 轴的返回路径）：使用此参数定义在第 1 轴上（横坐标）的返回路径，当到达最终镗孔深度并执行了主轴定位停止后，执行此返回路径。

⑤ RPO（第 2 轴的返回路径）：使用此参数定义在第 2 轴上（纵坐标）的返回路径，当到达最终镗孔深度并执行了主轴定位停止后，执行此返回路径。

⑥ RPAP（镗孔轴上的返回路径）：使用此参数定义在镗孔轴上的返回路径，当到达最终镗孔深度并执行了主轴定位停止后，执行此返回路径。

⑦ POSS（主轴位置）：使用 POSS 设置主轴定位停止的角度，该功能在到达最终镗孔深度后执行。

（4）注意。

如果主轴在技术上能够进行角度定位，则可以使用 CYCLE86 指令。

以下示例为加工图 5-23 所示工件。在 *XY* 平面中的（X70，Y50）处调用 CYCLE86 指令，编程的最终钻孔深度值为绝对值，未定义安全间隙，在最终钻孔深度处的停顿时间是 2s，工件的上沿在 Z110 处。在此循环中，主轴以 M03 旋转并停在 45° 位置，如图 5-23 所示。程序代码如下。

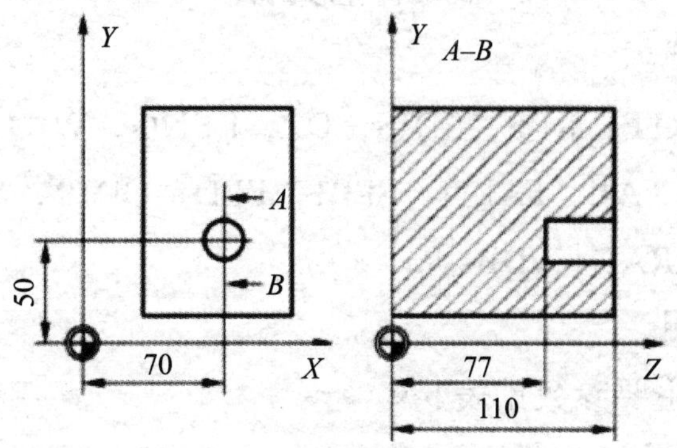

图 5–23　CYCLE86 循环编程示例

N10 G0 G17 G90 F200 S300 M03；

N20 TH D1 Z1 12；回到返回平面

N30 X70 Y50；回到钻孔位置

N40 CYCLE86（112，110，77，0，2，3，-1，-1，1，45）；使用绝对钻孔深度调用循环

N50 M30；程序结束

5. 矩形槽 POCKET3

（1）指令功能。

利用此循环，通过设定相应的参数可以铣削一个与轴平行的矩形槽，循环加工分为粗加工和精加工。精铣时，要求使用带端面齿的铣刀。深度进给始终从槽中心点开始，在垂直方向执行，如图 5-24 所示。

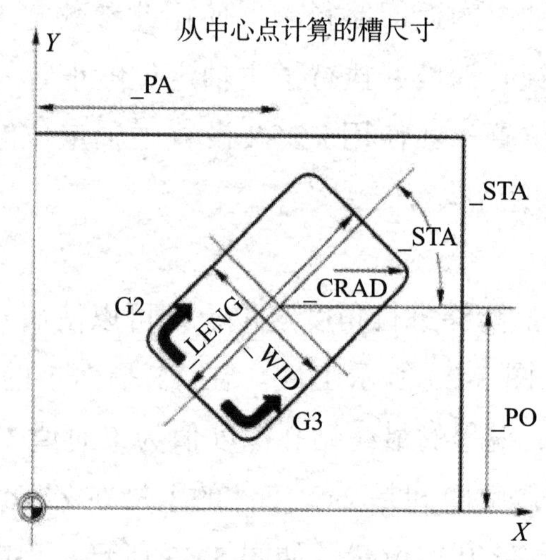

图 5–24　矩形槽循环

（2）调用格式。

POCKET3（RTP，RFP，SDIS，DP，LENG，WID，CRAD，PA，PO，STA，MID，FAL，FALD，FFP1，FFD，CDIR，VARI，MIDA，AP1，AP2，AD，RAD1，DP1）；

（3）参数说明。

POCKET3 的主要参数见表 5-9。

表 5-9　POCKET3 的主要参数

参数	含义
RTP	返回平面（绝对值）
RFP	参考平面（绝对值）
SDIS	安全间隙（无符号输入）
DP	槽深（绝对值）
LENG	槽长（带符号从拐角测量）
WID	槽宽（带符号从拐角测量）
CRAD	槽拐角半径（无符号输入）
PA	槽中心点（绝对值），平面的第 1 轴
PO	槽中心点（绝对值），平面的第 2 轴
STA	槽纵向轴与平面第 1 轴间的夹角（无符号输入）
MID	进给最大深度（无符号输入）
FAL	槽边缘的精加工裕量（无符号输入）
FALD	槽底的精加工裕量（无符号输入）
FFP1	端面加工进给率
FFD	深度进给的进给率
CDIR	加工槽的铣削方向（0—顺铣，1—逆铣，2—用于 G02，3—用于 G03）
VARI	加工类型 UNITSDIGIT（1—粗加工，2—精加工）； TENSDIGIT（0—使用 G00 垂直于槽中心，1—使用 G01 垂直槽中心，2—沿螺旋状）
MIDA	在平面的连续加工中作为数值最大的进给宽度
AP1	槽长的空直尺寸
AP2	槽宽的空直尺寸
AD	距离参考平面的空直槽宽尺寸
RAD1	插入时螺旋路径的半径（相当于刀具中心点路径）
DP1	沿螺旋路径插入时每转（360°）的插入深度

（4）动作顺序。

①粗加工时的动作顺序：使用 G00 指令回到返回平面的槽中心；然后再同样以 G00 指令回到安全间隙前的参考平面；根据所选的插入方式并考虑已编程的空直尺寸对槽进行加工。

②精加工时的动作顺序：槽边缘精加工；槽底精加工。

6. 圆形槽 POCKET4

（1）指令功能。

POCKET4 循环用于加工在平面中的圆形槽。精加工时，需要使用带端面齿的铣刀。深度进给始终从槽中心点开始并垂直执行，这样可以在此位置适当进行预钻削，如图 5-25 所示。

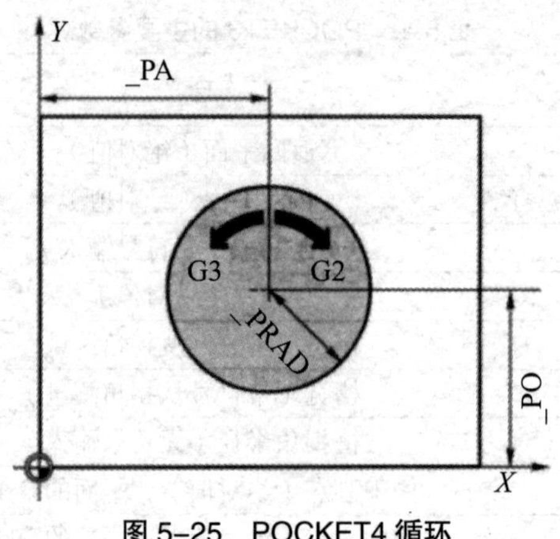

图 5-25 POCKET4 循环

（2）调用格式。

POCKET4（RTP，RFP，SDIS，DP，PRAD，PA，PO，MID，FAL，FALD，FFP1，FFD，CDIR，VARI，MIDA，AP1，AD，RAD1，DP1）

（3）参数说明。

POCKET4 的主要参数见表 5-10。

表 5-10 POCKET4 的主要参数

参数	含义
RTP	返回平面（绝对值）
RFP	参考平面（绝对值）
SDIS	安全间隙（无符号输入）
DP	槽深（绝对值）
PRAD	槽半径
PA	槽中心点（绝对值），平面的第 1 轴
PO	槽中心点（绝对值），平面的第 2 轴
MID	进给最大深度（无符号输入）
FAL	槽边缘的精加工裕量（无符号输入）
FALD	槽底的精加工裕量（无符号输入）
FFP1	端面加工进给率
FFD	深度进给的进给率
CDIR	加工槽的铣削方向（0—顺铣，1—逆铣，2—用于 G02，3—用于 G03）
VARI	加工类型 UNITSDIGIT（1—粗加工，2—精加工）； TENSDIGIT（0—使用 G00 垂直于槽中心，1—使用 G01 垂直槽中心 .2—沿螺旋状）

续表

MIDA	在平面的连续加工中作为数值最大的进给宽度
AP1	槽半径的空直尺寸
AD	距离参考平面的空直槽宽尺寸
RAD1	插入时螺旋路径的半径（相当于刀具中心点路径）
DP1	沿螺旋路径插入时每转（360°　）的插入深度

（5）动作顺序。

①粗加工时的动作顺序：使用 G00 指令回到返回平面的槽中心；然后再同样以 G00 指令回到安全间隙前的参考平面；根据所选的插入方式并考虑已编程的空直尺寸对槽进行加工。

②精加工时的动作顺序：槽边缘精加工；槽底精加工。

以下示例为使用 POCKET4 指令加工一个在 *XY* 平面中的圆形槽，中心点为（X50，Y50），深度的进给轴为 Z 轴，未定义精加工裕量和安全间隙，采用逆铣加工方式，如图 5-26 所示。

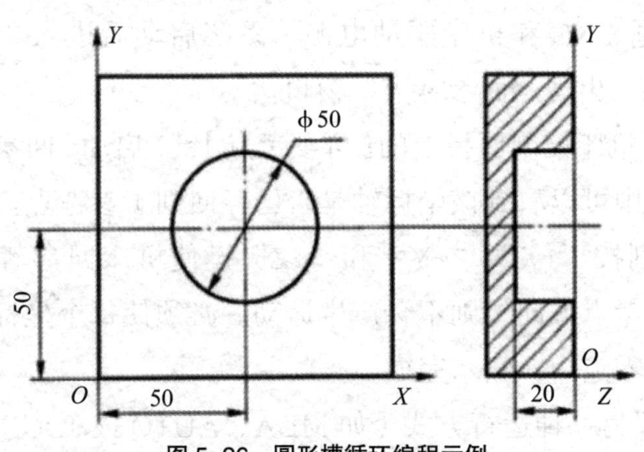

图 5-26　圆形槽循环编程示例

沿螺旋路径进给，使用半径为 10 mm 的铣刀。程序代码如下。

N10 G90 S600 M03 T1D1；技术值的定义

N20 G17 G0 X60 Y40 Z5；到起始位置

N30 POCKET4（3，0，0，-20，25，50，60，6.0，0，200，100.1，21，0，0，0，2，3）；循环调用

N40 M30；程序结束

第六章　数控铣床操作及实训

第一节　数控铣床操作

一、开机和回参考点

数控机床的各种功能均通过控制面板来实现。控制面板一般分为CNC 系统操作面板和外部机床控制面板。

（1）接通 CNC 和机床驱动电源，系统启动后进入“加工”操作区 JOG 运行方式，出现“回参考点”窗口。

（2）按下机床控制面板上的【可参考点】键，启动“回参考点”。在“回参考点”窗口中可以看到该坐标轴是否已经回到了参考点。

（3）分别按“+X”“+Y”和“+Z”键使机床回参考点，如果选择了错误的回参考点方向，则不会产生运动。必须使每个坐标轴逐一回参考点，某轴到达零点后，显示完成。

（4）选择另一种运行方式（如 MDA、AUTO 或 JOG）可以结束“回参考点”功能。“回参考点”只能在 JOG 方式下才可以进行。

二、JOG 运行方式

（1）选择 JOG 手动运行方式，

（2）使坐标轴沿正、负方向运行。

（3）需要时，可以通过倍率开关调节运行速度。

（4）如果同时按下相应的坐标轴键和“快进”键，则坐标轴以快进速度运行。

（5）选择以步进增量方式运行时，坐标轴以选择的步进增量运行，步进量的大小在屏幕上显示，再按一次点动键就可以取消步进增量方式。

在“JOG”状态图上可以显示坐标位置、进给量、主轴转速和刀具号。

“JOG”状态图中的各软键含义如下。

测量工件：确定零点偏置。

测量刀具：测量刀具偏置。

设置：在该屏幕格式下，可以设置带有安全距离的退回平面，以及在 MDA 方式下自动执行零件程序时主轴的旋转方向。此外还可以在此屏幕下设定 JOG 进给率和增量值。

切换 mm > inch：用此功能可以在公制和英制尺寸之间进行转换。

三、MDA 运行方式

（1）通过机床控制面板选择 MDA 运行方式。

（2）通过操作面板输入程序段。

（3）执行输入的程序段。

MDA 状态图上各软键含义如下所述。

基本设定：设定基本零点偏置。

端面加工：铣削端面加工。

设置：设置主轴转速、旋转方向等。

G 功能：G 功能窗口中显示所有有效的 G 功能。再按一次该键可以退出此窗口。

辅助功能：打开辅助功能窗口，显示程序段中所有有效的辅助功能。再按一次该键可以退出此窗口。

轴进给：按此键出现轴进给率窗口。再按一次该键可以退出此窗口。

删除 MDA 程序：用此功能键可以删除在程序窗口显示的所有程序段。

MCS/NCS 相对坐标：实际值的显示与所选的坐标系有关。

四、程序输入

1. 选择程序操作区

按“PROGRAM MANAGER”键，打开“程序管理”窗口，以列表形式显示零件程序及目录。在程序目录中用光标移动键选择零件程序。为了更快地查找到程序，可以输入程序名的第一个字母，控制系统自动把光标定位到含有该字母的程序前。

程序管理窗口中的各软键含义如下。

程序：按程序键显示零件程序目录。

执行：按下此键选择待执行的零件程序，按数控启动键时启动执行该程序。

新程序：操作此键可以输入新的程序。

复制：操作此键可以把所选择的程序复制到另一个程序中。

打开：按此键打开待执行的程序。

删除：用此键可以删除光标定位的程序，并提示对该选择进行确认。按下确认键执行清除功能，按返回键取消并返回。

重命名：操作此键出现一个窗口，在此窗口中可以更改光标所定位的程序名称。输入新的程序名后按确认键，完成名称更改，用返回键取消此功能。

读出：按此键，通过 RS-232 接口把零件程序送到计算机中保存。

读入：按此键，通过 RS-232 接口装载零件程序。接口的设定请参照“系统”操作区域。零件程序必须以文本的形式进行传送。

循环：按此键显示标准循环目录，当用户具有确定的权限时，才可以使用此键。

用户循环：显示“用户循环”目录表。对应不同的存储级，可显示“新程序”“复制”“打开”“删除”“重命名”“读出”和“读人”软键。

数据储存：保存数据，该功能将非永久性存储器中的内容保存到永久性的存储器中。

2. 输入新程序

（1）按“PROGRAM MANAGER”键，进入程序操作区，显示 NC 中已经存在的程序目录。

（2）按“新程序”键，出现一个对话窗口，在此输入新的主程序和子程序名称。主程序扩展名 .MPF 可以自动输入，而子程序扩展名 SPF 必须与文件名一起输入。

（3）按字母键输入新文件名。

（4）按“确认”键接收输入，生成新程序文件，然后可以对新程序进行编辑。

（5）用“中断”键中断程序的编制，并关闭此窗口。

3. 零件程序的编辑

在编辑功能下，如果零件程序不在执行状态，都可以进行编辑，对零件程序的任何修改可立即被存储。程序编辑器的各软键含义如下。

编辑：程序编辑器。

执行：执行所选择的程序。

标记程序段：选择一个文本程序段，直至当前光标位置。

复制程序段：复制一个程序段到剪贴板。

粘贴程序段：把剪贴板上的文本粘贴到当前的光标位置。

删除程序段：删除所选择的文本程序段。

搜索：用“搜索”键和“搜索下一个”键在所显示的程序中查找字符串。

重编译：在重新编译循环时，把光标移到程序中调用循环的程序段中，在其中输入相应的参数。如果所设定的参数不在有效范围内，则该功能会自动进行判别，并且恢复使用原来的默认值。

五、模拟图形

（1）选择自动运行方式。

（2）按“PROGRAM MANAGER”键，显示出系统中所有的程序。

（3）把光标移动到指定的程序上。

（4）按“执行”键，选定待加工程序。

（5）按“模拟”键，屏幕显示初始状态。

（6）模拟所选择的零件程序的刀具轨迹。

各软键含义如下。

自动缩放：自动缩放编程的刀具轨迹。

到原点：恢复到图形的基本设定。

显示…：显示整个工件。

缩放 +：放大显示图形。

缩放 –：缩小显示图形。

删除画面：删除显示的图形。

光标粗 / 细：调整光标的步距大小。

六、输入刀具参数及刀具补偿

1. 刀具参数的输入

（1）按“OFFSET PARAM”键，打开刀具补偿参数窗口，显示使用的刀具清单。可以通过光标键和“上一页”键、“下一页”键选出所要用的刀具。

（2）把光标移到输入区定位，然后输入数值。

（3）确认。

各软键含义如下所述。

测量刀具：手动确定刀具补偿参数。

删除刀具：清除所有刀具补偿参数。

扩展：显示刀具的所有参数。

改变有效：刀具的补偿值立即生效。

切削补偿：按此键打开一个子菜单，提供所有的功能，用于建立和显示其他的刀补。

D》：选择下一个较高的刀补号。

《D：选择下一个较低的刀补号。

新刀沿：建立一个新刀沿。

复位刀沿：复位刀沿的所有的补偿参数。

搜索：输入待查找的刀具号，然后按确认键，如果所查找的刀具存在，则光标会自动移动到相应的行。

新刀具：建立一把新刀具的刀具补偿。

2. 确定刀具补偿值

（1）功能。

利用确定刀具补偿值功能可以计算刀具未知的几何长度。

（2）前提条件。

换入该刀具。在 JOG 方式下移动该刀具，使刀尖到达一个已知坐标值的机床位置，这可能是一个已知位置的工件。

如图 6-1 所示，利用 *F* 点的实际位置（机床坐标）和参考点，系统可以在所预选的坐标轴方向计算出刀具补偿值尺度 *L* 或刀具半径。可以使用一个已经计算出的零点偏置（G54~G59）作为已知的机床坐标，使刀具运行到工件零点。如果刀具直接位于工件零点，则偏移值为零。

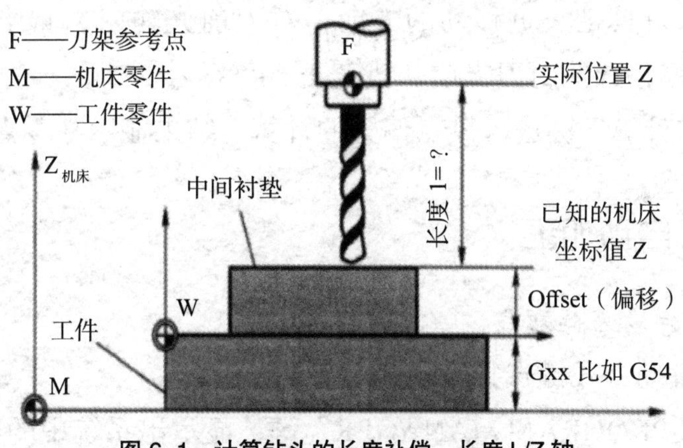

图 6-1　计算钻头的长度补偿，长度 L/Z 轴

（3）操作步骤。

①按“测量刀具”键，打开刀具补偿值窗口，自动进入位置操作区。

②在 X0、Y0 或 Z0 处记录一个刀具当前所在位置的数值，该值可以是当前的机床坐标值，也可以是一个零点偏置值。如果使用了其他数值，则补偿值以此位置为准。

③按软键“设置长度”或“设置直径”，系统根据所选择的坐标轴计算出它们相应的几何长度或直径。

七、零点偏置

1. 输入 / 修改零点偏置

（1）按“OFFSET PARAM”和“零点偏移”键，进入零点偏移窗口。

（2）把光标移到待修改的地方。

（3）输入数值 0~9，通过移动光标或使用输入键输入零点偏置的数值。

（4）按回车键确认。

2. 计算零点偏移值

选择零点偏置（如 G54~G59）窗口，确定待求零点偏置的坐标轴。

（1）按“测量工件”键，控制系统转换到加工操作区，弹出对话框用于测量零点偏置，所对应的坐标轴以黑色背景的软键显示。

（2）移动刀具，使其与工件相接触，在工件坐标系“设定 Z 位置”区域输入所要接触的工件边沿的位置值，在确定 X 和 Y 方向的偏置值时，必须考虑刀具正、负移动的方向，对刀前先输入刀具半径，然后按“SELECT”键，选择对刀方向，改变正、负符号。

（3）按“计算”键进行零点偏置的计算，结果显示在零点偏置栏中。

八、NC 自动加工

1. 选择和启动零件程序

（1）按自动方式键选择自动运行方式。

（2）按“PROGRAM MANAGER”键，显示出系统中的所有的程序。

（3）按方向键，把光标移动到要执行的程序上。

（4）用“执行”键选择待加工的程序，被选择的程序的程序名显示在屏幕区“程序名”下。

（5）按“程序控制”键，可以确定程序的运行状态。

（6）执行零件程序。

2. 停止、中断零件程序

（1）停止加工的零件程序，按数控启动键可恢复被中断了的程序的运行。

（2）中断加工的零件程序，按数控启动键重新启动，程序从头开始运行。

3. 中断后重新返回

（1）选择“自动方式”。

（2）按“程序段搜索”键，打开搜索窗口，准备装载中断点坐标。

（3）按“搜索断点”键，装载中断点坐标。

（4）按“计算轮廓”键，启动中断点搜索，使机床回中断点，执行一个到中断程序段起始点的补偿。

（5）继续加工。

第二节　数控铣切削加工实训及分析

一、数控铣床的对刀操作

对刀操作就是设定刀具上某一点在工件坐标系中坐标值的过程。对于圆柱形铣刀，一般是指刀刃底平面的中心；对于球头铣刀，是指球头的球心。实际上，对刀的过程就是在机床坐标系中建立工件坐标系的过程。

对刀前，应先将工件毛坯准确定位装夹在工作台上。较小的零件一般安装在平口钳或专用夹具上；较大的零件一般直接安装在工作台上，安装时要使零件的基准方向和 X、Y、Z 轴的方向相一致，并保证切削时刀具不会碰到夹具或工作台，然后将零件夹紧。

常用的对刀方法是手工对刀法，一般要使用刀具、定心锥轴和寻边器等工具。

1. 以毛坯孔或外形的对称中心为对刀位置点

（1）以定心锥轴找孔中心。

如图 6-2 所示，根据孔径大小选用相应的定心锥轴，手动操作使锥轴逐渐靠近基准孔的中心，手动移动 Z 轴，使其能在孔中上、下轻松移动，记录下此时机床坐标系中的 X、Y 轴坐标值，即为所找孔中心的位置。

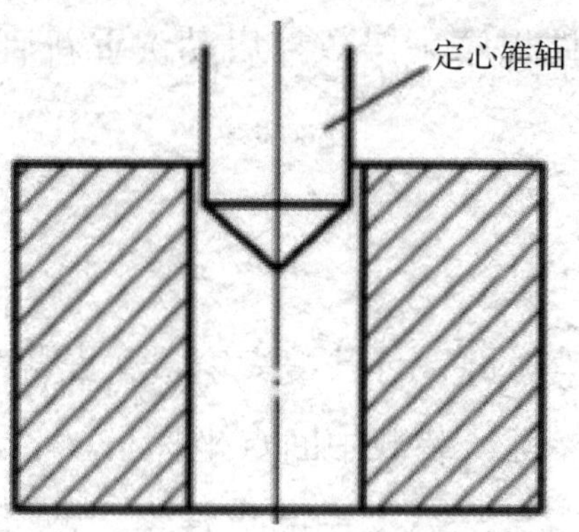

图 6-2 以定心锥轴找孔中心

（2）用百分表找孔中心。

如图 6-3 所示，用磁力表座将百分表粘贴在机床主轴端面上，手动或低速旋转主轴。

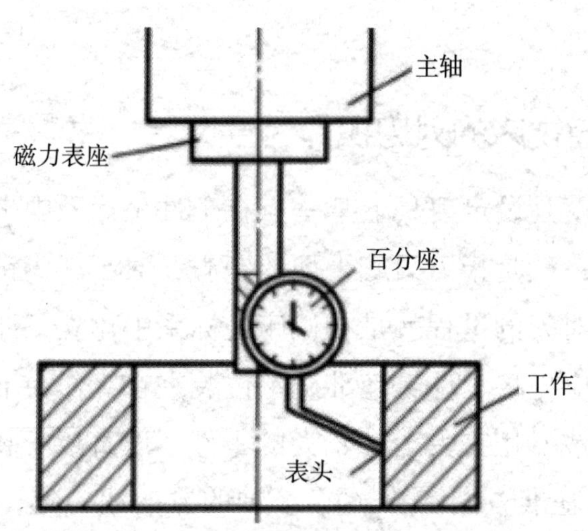

图 6-3 用百分表找孔中心

手动操作使旋转表头依 *X*、*Y*、*Z* 的顺序逐渐靠近被测表面，用步进移动方式逐步降低步进增量倍率，调整移动 *X*、*Y* 轴位置，使得表头旋转一周时，其指针的跳动量在允许的对刀误差内（如 0.02 mm），记录下此时机床坐标系中的 *X*、*Y* 轴坐标值，即为所找孔中心的位置。

（3）用寻边器找毛坯对称中心。

将电子寻边器装在主轴上，其柄部和触头之间有一个固定的电位差，当触头与金属工件接触时，即通过床身形成回路电流，寻边器的指示灯将被点亮。逐步降低步进增量，使触头与工件表面处于极限接触状态（进一步即点亮，退一步则熄灭），即为定位到工件表面的位置处。

如图 6-4 所示，先后定位到工件正对的两侧表面，记录下对应的 X_1、X_2、Y_1、Y_2 坐标值，则对称中心在机床坐标系中的坐标值应是（X_1+X_2）/2 和（Y_1+Y_2）/2。

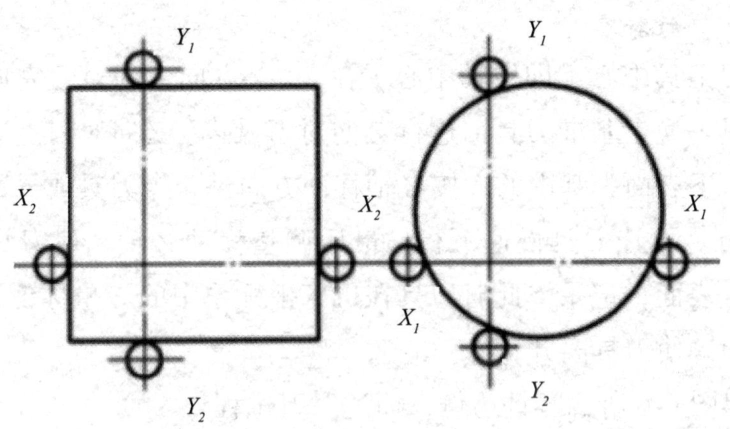

图 6–4　用寻边器找对称中心

2. **以毛坯相互垂直的基准边线的交点为对刀位置点**

如图 6-5 所示，使用寻边器或直接用刀具对刀。

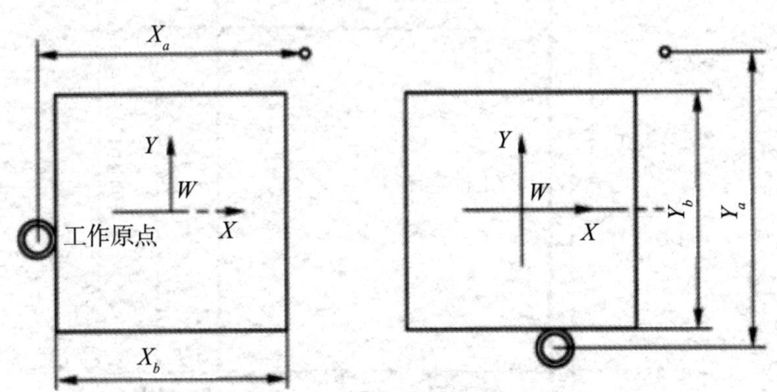

图 6–5　对刀操作时的坐标位置关系

（1）按 X、Y 轴移动方向键，令刀具或寻边器移到工件左（或右）侧空位的上方。再让刀具下行，最后调整移动 X 轴，使刀具圆周刃口接触工件的左（或右）侧面，记录下此时刀具在机床坐标系中的 X 坐标 X_a；

然后按 X 轴移动方向键使刀具离开工件左（或右）侧面。

（2）用同样的方法移动到刀具圆周刃口接触工件的前（或后）侧面，记录下此时的 Y_a 坐标；最后，让刀具离开工件的前（或后）侧面，并将刀具回升到远离工件的位置。

（3）如果已知刀具或寻边器的直径为 D，则基准边线交点处的坐标应为（$X_a+D/2$，$Y_a+D/2$），工件原点坐标为（$X_a+D/2+X_b/2$，$Y_a+D/2+Y_b/2$）。

3. **刀具 Z 向对刀**

当对刀工具中心（即主轴中心）在 X、Y 方向上的对刀完成后，可取下对刀工具，换上基准刀具，进行 Z 向对刀操作。Z 向对刀点通常都是以工件的上、下表面为基准的，按 Z 轴移动方向键，令刀具或寻边器快速移到工件上方。再让刀具慢速下行，最后调整移动 Z 轴，使刀具圆周刃口接触工件上表面，记录下此时刀具在机床坐标系中的 Z 坐标值，然后按 Z 轴移动方向键使刀具离开工件。

下面以图 6-6 所示零件为例，简述对刀过程。

（1）回参考点。启动机床网参考点键，分别按“+Z”“+X”“+Y”键使机床回参考点。

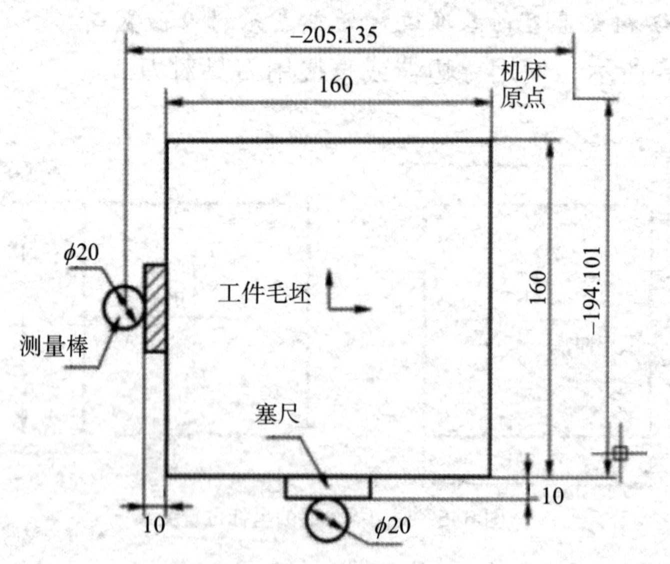

图 6–6 X、Y 向对刀

（2）将 ϕ20 mm 标准测量棒刀柄装入主轴，在 JOG 方式下，移动 X 轴靠近工件左侧，将 ϕ10 mm 标准塞尺塞入，根据间隙大小调整步进增量值，在塞尺正好能够塞入时，记录下此时 X 坐标值。

移动 Y 轴靠近工件前侧，将 ϕ10 mm 标准塞尺塞入，根据间隙大小调整步进增量值，在塞尺正好能够塞入时，记录下此时 Y 坐标值，如图 6-6 所示。

用加工所用刀具换下 ϕ20 mm 标准测量棒，移动 Z 轴靠近工件上面，将 ϕ10 mm 标准塞尺塞入，根据间隙大小调整步进增量值，在塞尺正好能够塞入时，记录下此时 Z 坐标值，如图 6-7 所示。

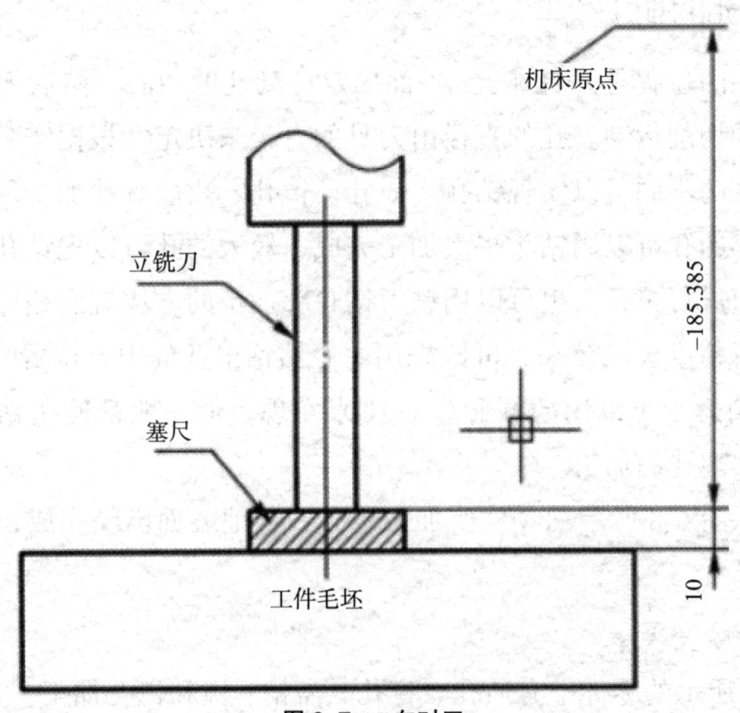

图 6–7　Z 向对刀

（3）编程原点设定值（G54）的计算。

X=（−205.135+10+10+80）=−105.135（mm）

其中，−205.135 mm为X坐标显示值；第一个+10 mm为测量棒半径值；第二个+10 mm为塞尺厚度；+80 mm为工件长度的1/2。

Y=（−194.101+10+10+80）=−94.101（mm）

其中，−194.101 mm为Y坐标显示值；第一个+10 mm为测量棒半径值；第二个+10 mm为塞尺厚度；+80 mm为工件宽度的1/2。

Z=（−185.385−10）=−195.385（mm）

其中，–185.385 mm为Z坐标显示值；–10 mm塞尺厚度。

（4）设置编程原点，按“参数”键后再按“零点偏移”键将光标移动到 G54~G59 中的一个偏置代码上。将上面计算好的 X、Y、Z 值分别输入对应的位置。

由于每一把刀的 X、Y 值都一样（都设置在毛坯中心），但 Z 值不一样，所以需要 Z 向再对刀。

二、孔的加工

孔加工的过程是刀具在 XY 平面内定位到孔的中心，然后刀具在 Z 方向做一定的切削运动。孔的直径由刀具的直径来决定，根据实际选用刀具和编程指令的不同可以实现钻孔、铰孔、镗孔、攻丝等孔加工形式。一般来说，较小的孔可以用钻头一次加工完成，较大的孔可以先钻孔再扩孔，或者用镗刀进行镗孔，也可以用铣刀按轮廓加工的方法铣出相应的孔。如果孔的位置精度要求较高，可以先用中心钻钻出孔的中心位置。刀具在 Z 方向的切削运动可以用插补命令 G01 来实现，但一般都使用钻孔固定循环指令来实现孔的加工。

例如，图 6-8 所示的零件要加工各孔，其他表面已经完成，零件材料为 45 号钢。

1. 确定加工方法

图 6-8 所示的零件中有通孔、盲孔，需钻、镗和镗孔加工。为防钻偏，ϕ30 mm 孔和 ϕ12 mm 孔用中心钻钻孔引正，然后再钻孔。根据图示各孔尺寸精度及表面粗糙度要求，各孔加工方案如下。

ϕ30 mm 孔：钻中心孔→钻孔→扩孔→镗孔。

ϕ12 mm 孔：钻中心孔→钻孔→铰孔。

ϕ6 mm 孔：钻孔。

2. 确定零件装夹

选用机用平口钳装夹，校正平口钳与工作台 X 轴方向平行，将 160 mm × 30 mm 侧面贴近固定钳口后压紧，并校正零件上表面的平行度。

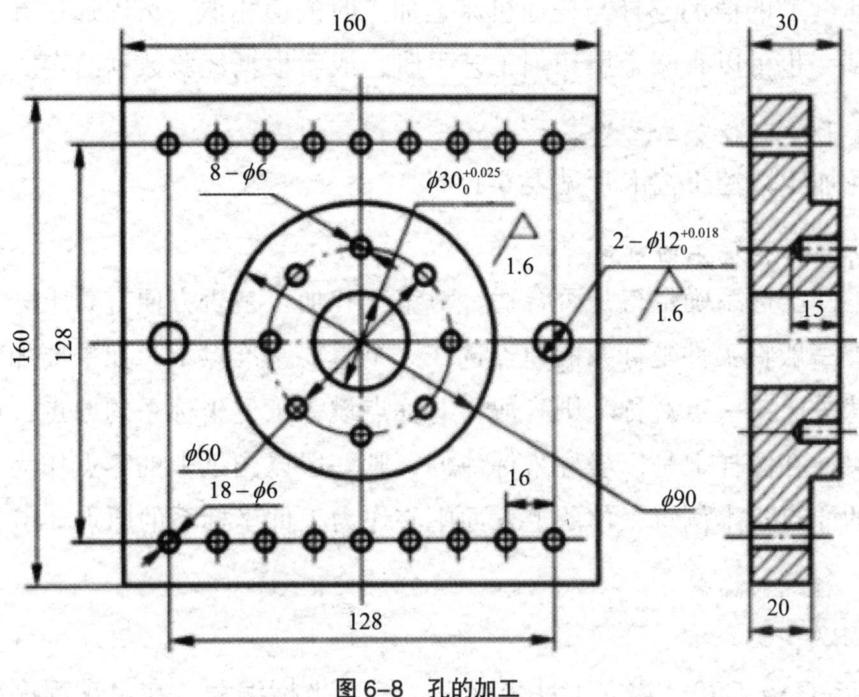

图 6-8　孔的加工

3. **刀具选择**

各工步刀具根据加工裕量和孔径确定，详见表 6-1。

表 6-1　孔加工数控工艺卡片

工步号	工步内容	刀具号	刀具规格 / mm	主轴转速 /（r/min）	进给速度 /（mm/min）	备注
1	钻中心孔	T1	ϕ3 中心钻	1200	100	
2	钻 25- ϕ6 mm 孔	T2	ϕ6 麻花钻	500	80	
3	钻 2- ϕ12 mm 孔	T3	ϕ11.8 麻花钻	500	80	
4	铰 2- ϕ12 mm 孔	T4	ϕ12 铰刀	120	30	
5	钻 ϕ30 mm 孔 ϕ20 mm	T5	ϕ20 麻花钻	300	60	
6	扩 ϕ30 mm 孔至 ϕ29 mm	T6	ϕ29 麻花钻	200	40	
7	镗 ϕ30 mm 孔	T7	ϕ30 镗刀	800	60	

4. **切削用量的选择**

影响切削用量的因素很多，工件的材料和硬度、加工的精度要求、刀具的材料和耐用度、是否使用切削液等都直接影响切削用量的大小。在数控程序中，决定切削用量的参数是主轴转速 S 和进给速度 F，主轴转速 S、进给速度 F 的值的选择与普通机床上加工时的值相似，可以通过计算的方法得到，也可以查阅金属切削工艺手册，或者根据经验数据给定。

5. 拟定数控加工工艺卡片

孔加工数控工艺卡片见表 6-1。

6. 工件坐标系的确定

工件坐标系确定得是否合适，对编程和加工是否方便有着十分重要的影响。一般将工件坐标系的原点选在一个重要基准点上；如果要加工部分的形状关于某一点对称，则一般将对称点设为工件坐标系的原点；如果工件的尺寸在图样上是以坐标来标注的，则一般以图纸上的零点作为工件坐标系的原点。本例将工件的上表面中心作为工件坐标系的原点。

7. 程序的编制

NBA 123；

N5 G54 C90；建立工件坐标系，绝对坐标编程（在启动程序前，主轴上装入 ϕ3 中心钻）

N10 M03 S1200 F100 M08；主轴正转，冷却液开

N15 G01 Z100 T1 D1；Z 轴定位，调用 1 号刀具和 1 号长度补偿

N20 X0 Y0；孔坐标定位，准备钻孔

N25 MCALL CYCLESI（20，0，2，-2，2）；模态调用孔固定循环

N30 X64 Y0；点坐标，钻孔循环

N35 X-64 Y0；点坐标，钻孔循环

N40 MCALL；取消模态调用

N45 G00 Z150 M05 M09；Z 轴快速定位，冷却液关，主轴停转

N50 M00；程序暂停，手动换刀

N55 M03 S500 F80 M08；主轴正转 . 冷却液开

N60 G00 Z100 T2 D1；Z 轴定位，调用 2 号刀具和 1 号长度补偿

N65 MCALLCYCLE81(20，0，2，-15，15)；模态调用孔固定循环，钻 ϕ6 mm

N70 HOSES2(0，0，60，0，45，8)；调用圆周孔循环，钻圆周孔

N75 MCALL；取消模态调用

N80 MCALLCYCLE81(10，−10，2，−32， 22)；模态调用孔固定循环

N85 HOSES1(−64，64，0，64，16，9)；调用排孔循环，钻上面排 ϕ6 mm 孔

N90 HOSES1(−64，−64，0，64，16，9)；调用排孔循环，钻下面排 ϕ6 mm 孔

N95 MCALL；取消模态调用

N100 G00 Z150 M05 M09；Z 轴快速定位，主轴停转，冷却液关

N105 M00；程序暂停，手动换刀

M110 M03 S500 F80 M08；主轴正转，冷却液开

N115 G00 Z100 T3 D1；Z 轴定位，调用 3 号刀具和 1 号长度补偿

N120 MCALLCYCLE82(10，−10，2，−32，2)；模态调用孔固定循环，钻 ϕ12 mm 孔

N125 X64 Y0；点坐标，钻孔循环

N130 X−64 Y0；点坐标，钻孔循环

N135 MCALL；取消模态调用

N140 G00ZI50 M05 M09；*Z* 轴快速定位，主轴停转，冷却液关

N145 M00；程序暂停，手动换刀

N150 M03 S500 F80 M08；主轴正转，冷却液开

N155 G00 Z100 T4 D1；*Z* 轴定位，调用 4 号刀具和 1 号长度补偿

N160 MCALL CYCIE85(10，−10，2，−32，22，40，200）；模态调用孔固定循环，铰 ϕ12 mm 孔

N165 X64 Y0；点坐标，钻孔循环

N170 X−64 Y0；点坐标，钻孔循环

N175 MCALL；取消模态调用

N180 G00 Z150 M05 M09；*Z* 主轴快速定位，主轴停转，冷却液关

N185 M00；程序暂停，手动换刀

N190 M03 S300 F60 M08；主轴正转，冷却液开

N200 G00 Z100 T5 D1；*Z* 轴定位，调用 5 号刀具和 1 号长度补偿

N205 X0 Y0；X 和 Y 轴孔定位

N210 CYCLE82(20，0，2，-32，30，2)；模态调用孔固定循环，钻 ϕ30 mm 至 ϕ20 mm 孔

N215 G00 Z150 M05 M09；Z 轴快速定位，主轴停转，冷却液关

N220 M00；程序暂停，手动换刀

N225 M03 S200 F40 M08；主轴正转，冷却液开

N230 G00 Z100T6 D1；Z 轴定位，调用 6 号刀具和 1 号长度补偿

N235 X0 Y0；X 和 Y 轴孔定位

N240 CYCLE82(20，0，2，-32，2）；模态调用孔固定循环，钻 ϕ30 mm 至 ϕ29 mm 孔

N245 G00 Z150 M05 M09；Z 轴快速定位，主轴停转，冷却液关

N250 M00；程序暂停，手动换刀

N255 M03 S800 F60 M08；主轴正转，冷却液开

N260 G00 ZI00 T7 D1；Z 轴定位，调用 7 号刀具和 1 号长度补偿

N265 X0 Y0；X 和 Y 轴孔定位

N270 CYCLE85(20，0，2，-32，32，60，150)；调用孔固定循环，镗 ϕ30 mm 孔

N275 G00 ZI50 M05 M09；Z 轴快速定位，主轴停转，冷却液关

N280 M30；程序结束

三、轮廓加工

轮廓加工是指用圆柱形铣刀的侧刃切削工件，将之加工成一定尺寸和形状的轮廓。轮廓加工一般根据工件轮廓的坐标来编程，而用刀具半径补偿的方法使刀具向工件轮廓一侧偏移，以切削成形准确的轮廓轨迹。如果要进行粗、精切削，也可以用同一程序段，通过改变刀具半径补偿值来实现。如果切削工件的外轮廓，刀具切入和切出时要注意避让夹具，并使切入点的位置和方向利于刀具切入时受力平稳。如果切削工件的内轮廓，更要合理选择切入点、切入方向和下刀位置，避免刀具碰到工件上不该切削

的部位。

1. 零件图纸要求

如图 6-9 所示，零件要求精加工内、外轮廓，加工深度为 5 mm。工件材料为 HT200，毛坯上、下表面和侧面已经加工平整。

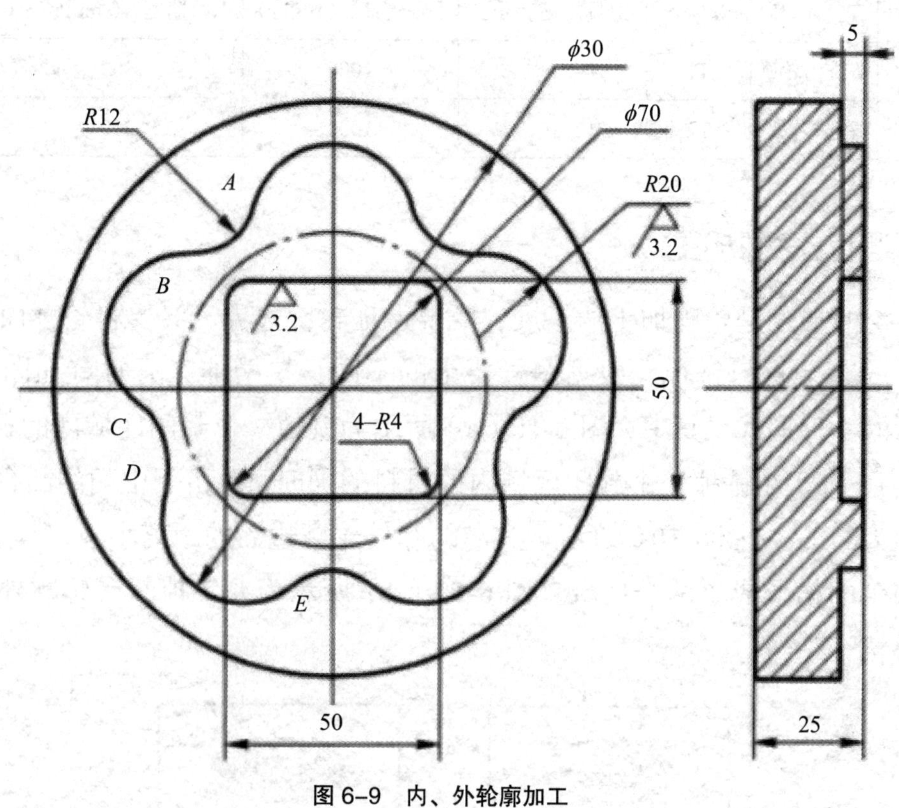

图 6–9　内、外轮廓加工

2. 加工方案确定

用 ϕ8 mm 立铣刀精铣削内轮廓，精加工裕量 0.3 mm。

用 ϕ12 mm 立铣刀精铣削外轮廓，精加工裕量 0.3 mm。

3. 数学处理

计算出圆弧切点坐标 *A*（–19.4066，39.8385）、*B*（–31.8892，30.7667）、*C*（–43.8831，–6.1468）、*D*（–39.1152，–20.8210）和 *E*（–7.7147，–43.6348）。

4. 工件坐标系选择

X、*Y* 轴的零点选在零件的对称中心上，*Z* 轴的零点选在零件的上表

面上。

5. 刀具和切削参数选择

内、外轮廓数控加工工艺卡片见表 6-2，表中列出了刀具和切削参数。

表 6-2 内、外轮廓数控加工工艺卡片

工步号	工步内容	刀具号	刀具规格 / mm	主轴转速 /（r/min）	进给速度 /（mm/min）	备注
1	精铣内轮廓	T1	$\phi8$ 立铣刀	1000	300	
2	精铣外轮廓	T2	$\phi12$ 立铣刀	1000	200	

四、挖槽加工

挖槽加工是轮廓加工的扩展，既要保证轮廓边界，又要将轮廓内（或外）的多余材料铣掉，根据图样要求的不同，挖槽加工通常有如图 6-10 所示的 4 种形式。其中，图 6-10（a）所示为铣掉一个封闭区域内的材料；图 6-10（b）在铣掉一个封闭区域内的材料的同时，要留下中间的凸台（一般称为岛屿）；图 6-10（c）所示为岛屿和外轮廓边界的距离小于刀具直径，使加工的槽形成了两个区域；图 6-10（d）所示为要铣掉凸台轮廓外的所有材料。

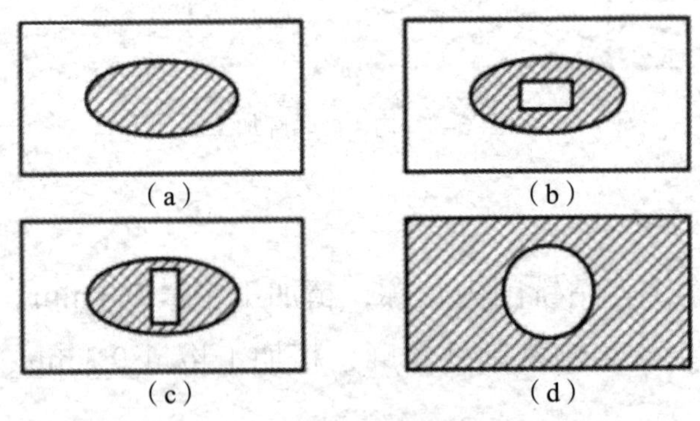

图 6-10 挖槽加工的常见形式

根据以上特征和要求，挖槽时应注意以下事项。

对于挖槽的编程和加工要选择合适的刀具直径，刀具直径太小将影响加工效率；刀具直径太大可能使某些转角处难以切削，或者由于岛屿的存在而形成不必要的区域。

由于圆柱铣刀垂直切削时受力情况不好，因此要选择合适的刀具类型。一般选择双刃的镗槽铣刀，可以选择斜向下刀或螺旋下刀，以改善下刀切削时刀具的受力情况。

当刀具在一个连续的轮廓上切削时，使用一次刀具半径补偿。刀具在另一个连续的轮廓上切削时，应注意重新使用一次刀具半径补偿，以避免过切或留下多余的凸台。

切削如图 6-10（d）所示的形状时，不能用图纸上所示的外轮廓作为边界，因为将这个轮廓作为边界时角上的部分材料可能铣不掉。

例如，如图 6-11 所示的零件，中间 $\phi28$ mm 的圆孔与外圆已经加工完成，现需要在数控铣床上铣出 $\phi40$ ~120 mm、深 5 mm 的圆环槽和 7 个腰形通槽。

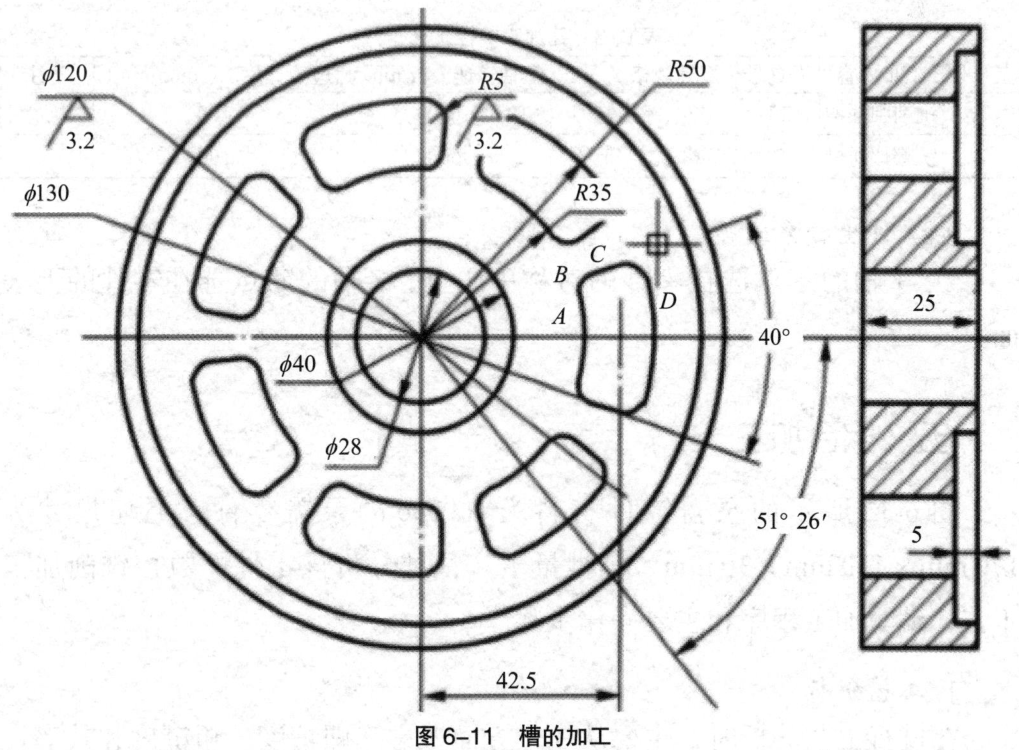

图 6-11　槽的加工

1. 确定工艺方法

根据工件的形状尺寸特点，确定以中心内孔和外形装夹定位，先加工圆环槽，再铣 7 个腰形通槽。

铣圆环槽方法：采用 ϕ20 mm 的铣刀，按 ϕ120 mm 的圆形轨迹编程，采用逐步加大刀具补偿半径的方法，直到铣出 ϕ40 mm 的圆为止。

铣腰形通孔方法：采用 ϕ8 mm 的铣刀，以正右方的腰形槽为基本图形编程，并且在深度方向分 3 次进刀切削，其余 6 个槽孔通过旋转变换功能铣出。由于腰形槽孔宽度与刀具尺寸的关系，只需沿槽周围切削一周即可全部完成，不需要再改变径向刀补重复进行。

2. 数学处理

计算出正右方槽孔的主要节点的坐标分别为 *A*（34.128，7.766）、*B*（37.293，13.574）、*C*（42.024，15.296）和 *D*（48.594，11.775）。

3. 拟订数控加工工艺卡片

孔加工数控工艺卡片见表 6-3。

表 6–3　孔加工数控工艺卡片

工步号	工步内容	刀具号	刀具规格 / mm	主轴转速 /（r/min）	进给速度 /（mm/min）	备注
1	铣削圆环槽	T1	ϕ20 镗槽铣刀	600	100	
2	铣腰形通槽	T2	ϕ8 镗槽铣刀	600	100	

4. 工件坐标系选择

X、*Y* 轴的零点选在零件的对称中心上，*Z* 轴的零点选在零件的上表面上。

五、综合加工

图 6-12 所示的泵盖零件材料为 HT200 的泵盖零件，毛坯尺寸为 170 mm × 110 mm × 30 mm，小批量生产，试分析该零件的数控铣削加工工艺，编写加工程序和主要操作步骤。

1. 工艺分析

在进行工艺分析时，主要从 3 个方面考虑，即精度、粗糙度和效率。理论上的加工工艺必须达到图样要求，同时又能充分合理地发挥机床功能。

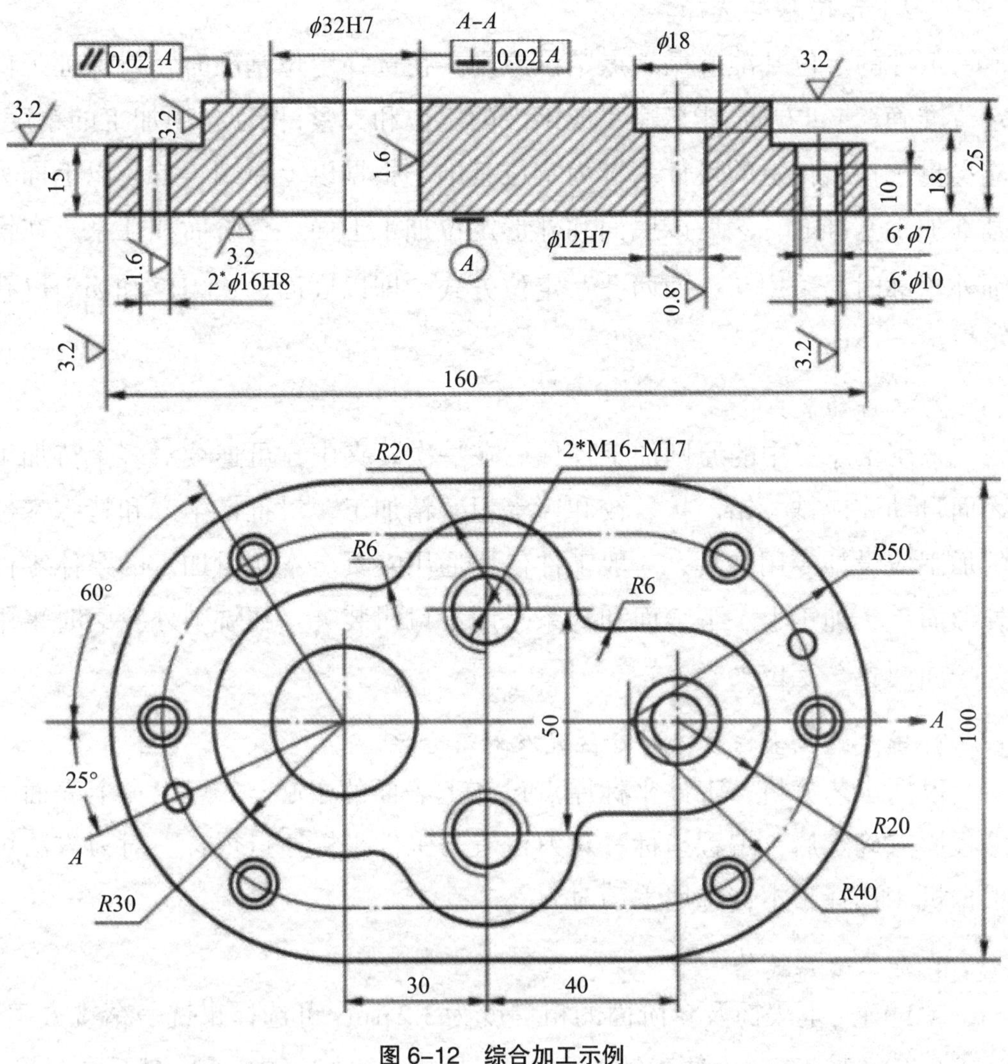

图 6-12　综合加工示例

（1）零件图纸分析。

该零件主要由平面、外轮廓及孔系组成。其中 ϕ32H7 和两个 ϕ6H8 共三个内孔的表面粗糙度要求较高，*Ra* 为 1.6 μm，而 ϕ12H7 内孔的 *Ra* 为 0.8 μm。ϕ32H7 内孔表面有垂直度要求，上表面有平行度要求。该零件材料为锦铁，切削性能较好。

根据工艺分析，ϕ32H7 、两个 ϕ6H8 和 ϕ12H7 孔的粗、精加工应分开进行，以保证表面粗糙度要求。同时应以底面定位，提高装夹刚度以满足 ϕ32H7 孔内表面的垂直要求。

（2）定位基准选择。

工件的定位基准遵循六点定位原则。在选择定位基准时，要保证工件定位准确,装卸方便,能迅速完成工件的定位和夹紧,保证各项加工的精度,应尽量选择工件上的设计基准为定位基准。根据以上原则，首先以上面为基准加工基准面，然后以底面和外形定位加工上面、台阶面和孔系。在铣削外轮廓时，采用“一面两孔”定位方式，即以底面、ϕ32H7 和 ϕ12H7 孔定位。

2. 工件的装夹

采用工序集中的原则加工零件。在一次装夹中，可连续对多个待加工表面自动完成铣、钻、扩、铰和镗等粗、精加工，对批量生产和特殊零件的加工应设计专用夹具，一般工件使用通用夹具。本例所加工的泵体零件外形简单，加工上、下表面和孔系采用平口钳装夹，在铣削外轮廓时采用“一面两孔”定位夹紧方式。

3. 确定编程坐标系、对刀位置及对刀方法

根据工艺分析，工件坐标原点设在上表面的中心，Z 点设在上表面。编程原点确定后，编程坐标、对刀位置与工件坐标原点重合。对刀方法可根据机床选择，本例选用手动对刀。

4. 加工方法选择

（1）上、下表面及台阶面的粗糙度为 3.2 μm，可选择粗铣→精铣方案。

（2）孔加工前，为便于钻头引正，先用中心钻加工中心孔，然后再钻孔。该零件孔系加工方案的选择如下。

孔 ϕ32H7：表面粗糙度为 1.6 μm，选择“钻→粗镗→半精镗→精镗”方案。

孔 ϕ12H7：表面粗糙度为 0.8l μm，选择“钻→粗铰—精铰”方案，

孔 ϕ6 × ϕ7：表面粗糙度为 3.2 μm，无尺寸公差要求，选择“钻→铰”方案。

孔 ϕ2 ×6H8：表面粗糙度为 1.6 μm，选择“钻→铰”方案。

孔 ϕ18 和 6× ϕ10：表面粗糙度为 12.5 μm，无尺寸公差要求，选择“钻→锪孔”方案。

螺纹孔 2 × M16-H7：采用先钻底孔后攻螺纹的加工方法。

5. **刀具选择**

零件上、下表面采用端铣刀加工，根据侧吃刀量选择端铣刀直径，使铣刀工作时有合理的切入 / 切出角，并且铣刀直径应尽量包容工件整个加工宽度，以提高加工精度和效率，并减小相邻两次进给之间的接刀痕迹。

台阶及其轮廓采用立铣刀加工，铣刀半径受轮廓最小曲率半径限制，取 R=6。

孔加工各工步的刀具直径根据加工裕量和孔径来确定。

该零件加工所选刀具详见表 6-4。

表 6–4　泵盖零件数控加工刀具卡片

产品名称或代号		数控铣工艺分析实例	零件名称	泵盖零件图号	
序号	刀具编号	刀具规格名称	数量	加工表面	备注
1	T01	ϕ125 硬质合金端面铣刀	1	铣削上、下表面	
2	T02	ϕ12 硬质合金立铣刀	1	铣削台阶面及其轮廓	
3	T03	ϕ3 中心钻	1	钻中心孔	
4	T04	ϕ27 钻头	1	钻< J > 32H7 底孔	
5	T05	内孔镗刀	1	粗镗、半精镗和精镗 ϕ32H7 孔	
6	T06	ϕ11.8 钻头	1	钻 ϕ12H7 底孔	
7	T07	ϕ18 × 11 锪钻	1	锪 ϕ18 孔	
8	T08	ϕ12 铰刀	1	铰 ϕ12H7 孔	
9	T09	ϕ14 钻头	1	钻 2 × M16 螺纹底孔	
10	T10	90° 倒角铣刀	1	2 × M16 螺孔倒角	
11	T11	M16 机用丝锥	1	钻 2 × M16 螺纹孔	
12	T12	ϕ6.8 钻头	1	钻 6 × ϕ7 孔	
13	T13	ϕ10 × 5.5 锪钻	1	锪 6 × ϕ10 孔	
14	T14	ϕ7 铰刀	1	铰 6 × ϕ7 孔	
15	T15	ϕ5.8 钻头	1	钻 2 × ϕ6H8 底孔	
16	Tl6	ϕ6 铰刀	1	铰 2 × ϕ6H8 底孔	
17	T17	ϕ35 硬质合金立铣刀	1	铣削轮廓	

6. **切削用量选择**

本例中，零件材料的切削性能较好，铣削平面、台阶面及轮廓时，留 0.5 mm 精加工裕量，孔加工精镗裕量为 0.2 mm，精铰裕量为 0.1 mm。

7. **拟订数控铣削加工工艺卡片**

泵盖数控加工工序卡片见表 6-5。

表 6–5　泵盖数控加工工序卡片

单位名称		产品名称或代号			零件名称		零件图号
	数控铣削工艺分析			泵盖			
工序号	程序编号	夹具名称			使用设备		车间
		平口虎钳和一面两销自制夹具					
工步号	工步内容	刀具号	刀具规格	主轴转速 / mm	进给速度 /（mm · min^{-1}）	背吃刀量 / mm	备注
1	粗铣定位基准面 A	T1	ϕ125	200	50	2	
2	精铣定位基准面 A	T1	ϕ125	200	25	0.5	
3	粗铣上表面	T1	ϕ125	200	50	2	
4	精铣上表面	T1	ϕ125	200	25	0.5	
5	粗铣台阶面及其轮廓	T2	ϕ12	800	50	4	
6	精铣分阶面及其轮廓	T2	ϕ12	1000	25	0.5	
7	钻所有孔的中心孔	T3	ϕ3	1200			
8	钻 ϕ32H7 底孔至 ϕ27	T4	ϕ27	200	40		
9	粗 ϕ32H7 孔至 ϕ30	T5		500	80	1.5	
10	半精镗 ϕ32H7 孔至 ϕ31.6	T5		700	70	0.8	
11	精镗 ϕ32H7	T5		900	60	0.2	
12	钻 ϕ12H7 底孔至 ϕ11.8	T6	ϕ11.8	600	60		
13	锪 ϕ18 孔	T7	ϕ18 × 11	150	30		
14	粗铰 ϕ12H7	T8	ϕ12	100	40	0.1	
15	精铰 ϕ12H7	T8	ϕ12	100	30		
16	钻 2 × M16 螺纹底孔至 ϕ14	T9	ϕ14	450	60		
17	2 × M16 螺纹孔倒角	T10	90° 倒角铣刀	300	40		
18	钻 2 × M16 螺纹孔	T11	M16	100	200		
19	钻 6 × ϕ7 底孔至 ϕ6.8	T12	ϕ6.8	700	70		
20	锪 6 × ϕ10 孔	T13	ϕ10 × 5.5	150	30		
21	铰 6 × ϕ7 孔	T14	ϕ7	100	25	0.1	

续表

单位名称		产品名称或代号		零件名称		零件图号
	数控铣削工艺分析		泵盖			
工序号	程序编号	夹具名称		使用设备		车间
		平口虎钳和一面两销自制夹具				
工步号	工步内容	刀具号	刀具规格	主轴转速 / mm	进给速度 /（mm·min^{-1}）	背吃刀量 / mm	备注
22	钻 2× ϕ6H8 底孔至 ϕ5.8	T15	ϕ10	900	80		
23	铰 2× ϕ6H8 孔	Tl6	ϕ6	100	25	0.1	
24	一面两孔定位粗铣外轮廓	T17	ϕ35	600	40	2	
25	一面两孔定位精铣外轮廓	T17	ϕ35	600	25	0.5	

第七章　加工中心操作、编程及实训

加工中心是一种功能较全的数控机床。它把铣削、镗削、钻削、螺纹加工等功能集中在一台设备上，使其具有多种加工工艺手段。加工中心设置有刀库，刀库中存放着不同数量的各种刀具或检具，在加工过程中由程序自动选用和更换，这是它与数控铣床、数控镗床的主要区别。

加工中心所配置的数控系统各有不同，各种数控系统程序编制的内容和格式也有所不同，但是程序编制方法和使用过程是基本相同的。本章以配备 FANUC Oi-MC 数控系统的 TH5650 立式镗铣加工中心为例进行讲解。

第一节　加工中心基本操作及实训

一、加工中心的自动换刀装置

1. *刀库*

在加工中心上使用的刀库主要有两种，即盘式刀库和链式刀库。盘式刀库装刀容量相对较小，一般有 1~24 把刀具，主要适用于小型加工中心；链式刀库装刀容量大，一般有 1~100 把刀具，主要适用于大、中型加工中心。

2. *刀具的选择方式*

按数控系统装置的刀具选择指令从刀库中将所需要的刀具转换到取刀位置，称为自动选刀。在刀库中选择刀具通常采用两种方法，即顺序选择刀具和任意选择刀具。

（1）顺序选择刀具。

装刀时，所用刀具按加工工序设定的刀具号顺序插入刀库对应的刀座号中，使用时按顺序转到取刀位置，用过的刀具放回原来的刀座内。该方法驱动控制较简单、工作可靠，但刀具号与刀座号一致，增加了换刀时间。

（2）任意选择刀具。

刀具号在刀库中不一定与刀座号一致，由数控系统记忆刀具号与刀座号的对应关系，根据数控指令任意选择所需要的刀具，刀库将刀具送到换刀位置。采用此方法时，主轴上的刀具采用就近放刀原则，能减少换刀时间。

3. 换刀方式

加工中心的换刀方式一般有两种，即机械手换刀和主轴换刀。

（1）机械手换刀。

由刀库选刀，再由机械手完成换刀动作，这是加工中心普遍采用的形式。机床结构不同，机械手的形式及动作也不一样。

（2）主轴换刀。

通过刀库和主轴箱的配合动作来完成换刀，适用于刀库中刀具位置与主轴上刀具位置一致的情况。一般是把盘式刀库设置在主轴箱可以运动到的位置，或者整个刀库能移动到主轴箱可以到达的位置。换刀时，主轴运动到刀库上的换刀位置，由主轴直接取走或放回刀具。多用于采用 40 号以下刀柄的中小型加工中心。

二、加工中心的换刀指令

换刀指令一般包括选刀指令和换刀动作指令。选刀指令用 T 表示，其后是所选刀具的刀具号。如选用 2 号刀，写为“T02”。T 指令的格式为“T× ×”，T 后允许有两位数，即刀具最多允许有 99 把。

M06是换刀动作指令，数控装置读入M06代码后，送出并执行M05（主轴停转）、M19（主轴准停）等信息，接着换刀机构动作，完成刀具的变换。

不同加工中心的换刀程序也是不同的，通常选刀和换刀分开进行。换刀完毕启动主轴后，方可执行后面的程序段。选刀可以与机床加工重合，即利用切削时间进行选刀。多数加工中心都规定：主轴只有运动到换刀点位置，机械手或刀库才能执行换刀动作。一般立式加工中心规定的换刀点位置在机床 Z 轴零点处，卧式加工中心规定在机床 Y 轴零点处。

编制换刀程序一般有以下两种方法。

（1）方法一。

N100 G91 G28 Z0；

N110 T02 M06；

N800 G91 G28 Z0；

N810 T03 M06；

…

即一把刀具加工结束，主轴返回机床原点后准停，然后刀库旋转，将需要更换的刀具停在换刀位置，接着进行换刀，再开始加工。选刀和换刀先后进行，机床有一定的等待时间。

（2）方法二。

…

N100 G91 G28 Z0；

N110 T02 M06；

N120 T03；

…

N800 G91 G28 Z0；

N810 M06；

N810 T04；

这种方法的找刀时间与机床的切削时间重合，当主轴返回换刀点后立刻换刀，因此整个换刀过程所用的时间比方法一要短一些。在单机作业时，可以不考虑这两种换刀方法的区别，但在柔性生产线上则有实际的区别。

三、加工中心操作面板

配备 FANUC 0i-MC 系统的 TH5650 立式镗铣加工中心操作面板由显示器、MDI 面板和机床操作面板组成。

显示器与 MDI 面板如图 7-1 所示。

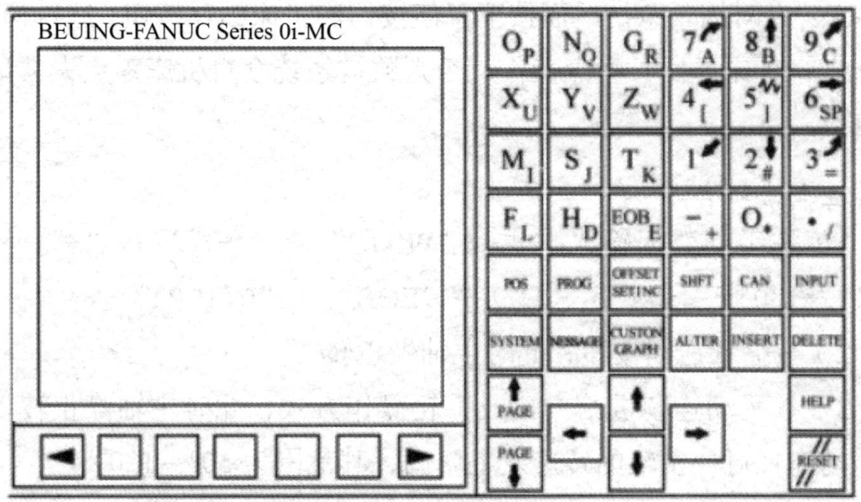

图 7–1　显示器与 MDI 面板

四、基本操作实训

1. 开机实训

（1）检查 CNC 机床的外观是否正常。

（2）打开外部总电源，启动空气压缩机。

（3）等气压达到规定值后，将伺服柜左上侧总空气开关合上。

（4）按下操作面板上的 NC 启动按钮，系统将进入自检。

（5）自检结束后，检查位置屏幕是否显示正常。如果通电后出现报警，就会显示报警信息，只有排除故障后才能继续之后的操作。

（6）检查风扇电动机是否旋转。

2. 返回参考点实训

开机后，为了使数控系统对机床零点进行记忆，必须进行返回参考点的操作，其操作步骤如下。

按返回参考点方式 → 按快速运动倍率按钮 → “Z” → “+” → “X” → “+” → “Y” → “+”，等“X 原点灯”“Y 原点灯”“Z 原点灯”三个按钮上面的指示灯全部亮后，机床返回参考点结束。加工中心返回参考点后，按下“POS”键可以看到综合坐标显示页面中的机械坐标 X、Y、Z 皆为 0。

注意：有时因紧急情况而按下急停按钮和机床锁住按钮，运行程序后，需重新进行机床返回参考点操作，否则数控系统会对机床零点失去记忆而造成事故。

3. 主轴启动实训

（1）按手动数据输入方式→“PROG”→“程序”→“S”→“3”→“0”→“0”→“M”→“3”→“EOB”→“INSERT”。

（2）按循环启动按钮，此时主轴做正转。

（3）按手动连续进给方式或手轮操作方式，此时主轴停止转动。在主轴转动时，可使主轴的转速发生修调，其范围为 50%~120%。

4. 手动连续进给实训

（1）手动连续进给。

首先按下手动连续进给方式按钮，接着旋转进给速度倍率旋钮，将进给速率设定至所需要数值，然后按下坐标轴按钮，选择要移动的轴，最后持续按方向按钮，实现坐标轴的手动连续移动。

（2）快速进给。

首先按下手动连续进给方式按钮，接着按下快速运动倍率按钮，将快速进给速率设定至所需要数值，然后按下坐标轴按钮，选择要移动的轴，同时持续按方向按钮和快速选择按钮，实现坐标轴的快速移动。

5. 手轮进给实训

首先按下手轮操作方式按钮，接着按下手轮倍率按钮，将手轮进给速率设定至所需要数值，然后按下坐标轴按钮，选择要移动的轴，最后转动手轮。顺时针转动坐标轴正向移动，逆时针转动坐标轴负向移动，从而实现坐标轴的移动。

6. 加工程序的输入和编辑实训

通过 MDI 面板对程序进行输入和编辑操作，其过程在 FANUC 0i-MC 与 FANUC 0i-TB 数控系统中相同，相关内容见前面章节。此时输入以下给定的程序，为自动工作方式时运行程序做准备。

```
00100;
G92  X200  Y200  Z20;
```

```
/S500 M03;
G00  G90  X-100  Y-100  Z0;
G01  X1001  F500;
/Y100;
X-100;
Y-100;
M01;
G91  G28  Z0;
G28  X0  Y0;
M30;
```

7. **自动运行实训**

（1）MDI 运行。

在手动数据输入方式中，通过 MDI 面板可以编制最多 10 行（10 个程序段）的程序并执行。MDI 运行适用于简单的测试操作，因为程序不会存储到内存中，一旦执行完毕就被清除。MDI 运行过程如下所述。

①按下手动数据输入方式按键→“PROG”→“程序”，进入手动数据输入编辑程序界面。

②输入所需程序段（与通常程序的输入与编辑方法相同）。

③把光标移回到 0000 程序号前面。

④按循环启动按键执行。

（2）自动运行。

以前面输入的 00100 程序为例，自动运行过程如下所述。

①执行 *Z*、*X*、*Y* 轴返回参考点操作。

②打开 00100 程序，确认程序无误且光标在 00100 程序号前面。

③把进给速度倍率旋钮旋至 10%，主轴转速倍率旋钮旋至 50%。

④按下自动工作方式按键后，按下循环启动按键，使加工中心进入自动操作状态。

⑤把主轴转速倍率开关逐步调大至 120%，观察主轴转速的变化；把进给倍率开关逐步调大至 120%，观察进给速度的变化。理解自动加工时

程序给定的主轴转速与切削速度能通过对应的倍率开关实时地调节。

⑥程序执行完后，按下单段按键，按下循环启动按键，重新运行程序，此时执行完一个程序段后，进给停止，必须重新按下循环启动按键，才能执行下一个程序段。

⑦程序执行完后，按下跳读按键、可选停按键与空运行按键后，按循环启动按键，注意观察机床运行的变化，对照跳读按键、可选停按键与空运行按钮的功能，理解其在自动运行程序进行零件加工时的实际意义。

⑧程序执行完后，按下机械锁住按键，并按下循环启动按键，此时由于机床锁住，程序能运行，但无进给运动。通常可以使用此功能，发现程序中存在的问题。使用此功能后，需重新执行返回参考点操作。

8. 装刀与自动换刀实训

加工中心在运行时，是从刀库中自动换刀并装入的，所以在运行程序前，要把刀具装入刀库。装刀与自动换刀过程如下。

(1)按加工程序要求，在机床外将所用刀具安装好，并设定好刀具号，如 T1 为面铣刀，T2 为立铣刀，T3 为钻。

(2)按下手动数据输入方式按键→“PROG”→“程序”，进入手动数据输入编辑程序界面。输入所需程序段（与通常程序的输入与编辑方法相同）。

(3)把光标移回到 00000 程序号前面，按下循环启动按键执行。

(4)待加工中心换刀动作全部结束后，按下手动连续进给方式按键或手轮操作方式按键。若此时主轴有刀具，左手拿稳刀具，右手按下主轴刀具松开按键，取下主轴刀具后，按下主轴刀具夹紧按键（停止吹气）。主轴无刀具后，左手拿稳刀具 T1，将刀柄放入主轴锥孔，右手按下主轴刀具松开按键后，按下主轴刀具夹紧按键，将刀具 T1 装入主轴。

(5)重复第(2)~(4)步，将 T1 分别换成 T2 和 T3，将刀具 T2 和 T3 装入主轴。

上述步骤完成后，此时主轴上为 T3 刀具。执行返回参考点操作。

9. 冷却液的开关实训

按下冷却启动按键，开启冷却液，且指示灯亮；再按此按键，关闭冷却液，且指示灯灭。

在自动工作方式下，应在程序中使用 M8 指令开启冷却液和 M9 指令关闭冷却液，当然，如果需要，也可通过手动方法开启或关闭冷却液。

10. 排屑实训

在手动连续进给方式或手轮操作方式下，按下排屑传送器启动按键进行排屑。

11. 关机实训

（1）按下急停按键，然后按下 NC 停止按键。

（2）关闭伺服柜左上侧总空气开关。

（3）关闭空气压缩机，关闭外部总电源。

第二节 加工中心对刀操作及实训

一、机床坐标系与工件坐标系

1. 机床坐标系

机床坐标系是机床上固有的坐标系，符合右手直角笛卡尔坐标系规则。对于不同的机床，坐标系原点（即机床零点）的位置有所不同，一般设定在各坐标轴的正方向最大极限处。机床零点的位置一般都是由机床设计和制造单位确定的，它是机床坐标系的原点，同时也是其他坐标系与坐标值的基准点。一台已调整好的机床，其机床零点已经确定，通常不允许用户改变。

机床参考点在机床坐标系中的坐标值是由机床厂家精确测量并输入数控系统中的，用户不得改变。通常数控机床在接通电源后，其机床坐标系所处的位置是不确定的，必须按照一定的操作方法和步骤建立正确的机床坐标系，这就是回零操作，又称为返回参考点操作。当返回参考点的操作完成后，显示器即显示出机床参考点在机床坐标系中的坐标值，表明机床坐标系已经建立。需要指出的是，回零并不是指回机床零点，而是回机床参考点。只有当所设定的机床参考点在机床坐标系中的各轴坐标值均为零时，机床参考点才与机床零点重合。由此可知，机床参考点是用于间接确定机床零点位置的基准点。

2. 工件坐标系

工件坐标系是在数控编程时用于定义工件形状和刀具相对工件运动的坐标系，为保证编程与机床加工的一致性，工件坐标系也应符合右手笛卡尔坐标系规则。工件装夹到机床上时，应使工件坐标系与机床坐标系的坐标轴方向保持一致，工件坐标系的原点称为工件零点或编程零点。为了编程方便，可以根据计算最方便的原则来确定某一点为工件零点。在加工中心上加工工件时，工件零点一般设在进刀方向一侧工件外轮廓表面的某个角上或对称中心上。工件零点与机床零点间的坐标距离称为工件零点偏置，该偏置值需预先保存到数控系统中。在加工时，通过调用零点偏置指令（如G54），工件零点偏置能自动加到工件坐标系上，使数控系统可以按机床坐标系确定加工时的绝对坐标值，因此，编程人员可以不考虑工件在机床上的实际安装位置，而利用数控系统的零点偏置功能，通过工件零点偏置值补偿工件在工作台上的位置误差。

3. 机床坐标系与工件坐标系间的联系

机床坐标系不在编程中使用，而常被用来确定工件坐标系，即建立工件坐标系的参考点。

（1）用G92指令设定工件坐标系。

G92指令通过设定刀具起点相对于要建立的工件坐标原点的位置建立坐标系，即以程序原点为基准，确定刀具起始点的坐标值，并把这个设定值存储在存储器中，作为所有加工尺寸的基准。

使用G92指令时，要预先确定对刀点在工件坐标系中的坐标值，并编入程序中。加工时，操作者必须严格按照工件坐标系规定的刀具位置设置起刀点，以确保在机床上设定的工件坐标系与编程时在零件上规定的工件坐标系在位置上重合一致。

指令格式：G92 X_Y_Z_；

其中，X、Y、Z为当前刀位点在工件坐标系中的坐标值。

（2）用 G54~G59 指令设定工件坐标系。

用 G54~G59 指令设定工件坐标系时，必须预先通过偏置界面输入各个工件坐标系原点在机床坐标系中的坐标值，该坐标值就是工件坐标系的零点偏置值。编程时，只需根据图纸和所设定的坐标系进行编程，无须考虑工件与夹具在机床工件台上的位置，但操作者必须使机床手动回零后再测量所用工件坐标系原点（即程序原点）在机床坐标系中的坐标，然后通过界面设置，把该坐标值（也就是零点偏置值）存入工件坐标系所对应的偏置存储器中。

（3）注意事项。

① G54 与 G55~G59 的区别：G54~G59 设置加工坐标系的方法是一样的，只是当电源接通时，自动选择 G54 坐标系。

② G92 与 G54~G59 的区别：G92 指令与 G54~G59 指令都是用于设定工件加工坐标系的，但在使用中是有区别的。G92 指令是通过程序来设定、选用加工坐标系的，它所设定的加工坐标系原点与当前刀具所在的位置有关，该加工原点在机床坐标系中的位置是随当前刀具位置的不同而改变的。

③ G54~G59 的修改：G54~G59 指令是通过 MDI 在设置参数方式下设定工件加工坐标系的，一旦设定，加工原点在机床坐标系中的位置是不变的，它与刀具的当前位置无关，除非再通过 MDI 方式进行修改。

④常见错误：当执行程序段“G92 X50 Y100”时，常会认为是刀具在运行程序后到达工件坐标系（X50，Y100）点上。其实，G92 指令程序段只是设定加工坐标系，并不产生任何动作，这时刀具已在加工坐标系中的（X50，Y100）点上。

G54~G59 指令程序段可以和 G00、G01 指令组合，如 G54 G90 G01 X10 Y10，部件在选定的加工坐标系中移动。程序段运行后，无论刀具当前在哪里，它都会移动到加工坐标系中的（X10，Y10）点上。

二、与对刀有关的操作实训

1. 坐标位置显示方式操作实训

加工中心坐标位置显示方式有绝对、相对和综合 3 种。按下“POS”键后分别按下“绝对”键、“相对”键、“综合”键可进入相应的页面。相对坐标可以在任何位置进行清零及坐标值的预定处理，特别是在对刀操作中利用坐标位置的清零及预定可以带来许多方便。

（1）相对坐标清零。

进入相对坐标界面，按“X”键（或“Y”键、“Z”键）→按“起源”键，此时 *X* 轴（或 *Y* 轴、*Z* 轴）的相对坐标被清零。另外，也可按“X”键（或“Y”键、“Z”键）→“0”键→按“预定”键，同样可以使 *X* 轴（或 *Y* 轴、*Z* 轴）的相对坐标清零。

（2）相对坐标预定。

如果预定 *Y* 轴的相对坐标为 50，进入相对坐标界面，按“Y”键→“5”键→“0”键→按“预定”键即可。

（3）所有相对坐标清零。

进入相对坐标界面，按“X”键（或“Y”键、“Z”键）→按“起源”键→按“全轴”键，此时相对坐标值将显示全部为零。

2. 刀具半径偏置量和长度补偿量的设置

刀具半径偏置和长度补偿量的设置步骤如下所述。

（1）在任何方式下按“OFFSET/SETTING”键→按“补正”键，进入刀具补偿存储器界面。

（2）利用“←”“→”“↑”“↓”四个箭头键可以把光标移动到所要设置的位置。

（3）输入所需值→按“INPUT”键或“输入”键，设置完毕；如果按“+输入”键则把当前值与存储器中已有的值相加。

3. 工件坐标系 G54~G59 的设置

工件坐标系 G54~G59 的设置步骤如下。

（1）在任何方式下按“OFFSET/SETTING”键→按“坐标系”键，

进入工件坐标系设置页面。

（2）按“PAGE ↓”键可进入其余设置界面。

（3）利用“↑”“↓”键可以把光标移动到所要设置的位置。

（4）输入所需值→按“INPUT”键或“输入”键，设置完毕；如果按“+输入”键则把当前值与存储器中已有的值相加。

三、对刀实训

对刀的目的是通过刀具或对刀工具确定工件坐标系与机床坐标系之间的空间位置关系，并将对刀数据输入相应的存储位置。它是数控加工中最重要的操作内容，其准确性将直接影响零件的加工精度，对刀方法一定要与零件的加工精度相适应。

1. *X*、*Y* 向对刀实训

X、*Y* 向对刀方法常采用试切对刀、寻边器对刀、心轴对刀、打表找正对刀等。其中试切对刀和心轴对刀精度较低，寻边器对刀和打表找正对刀容易保证对刀精度，但打表找正对刀所需时间较长，效率较低。

1）工件坐标系原点（对刀点）为两条相互垂直直线交点时的对刀。

工件坐标系原点（对刀点）为两条相互垂直直线交点时的对刀方法如图 7-2 所示。

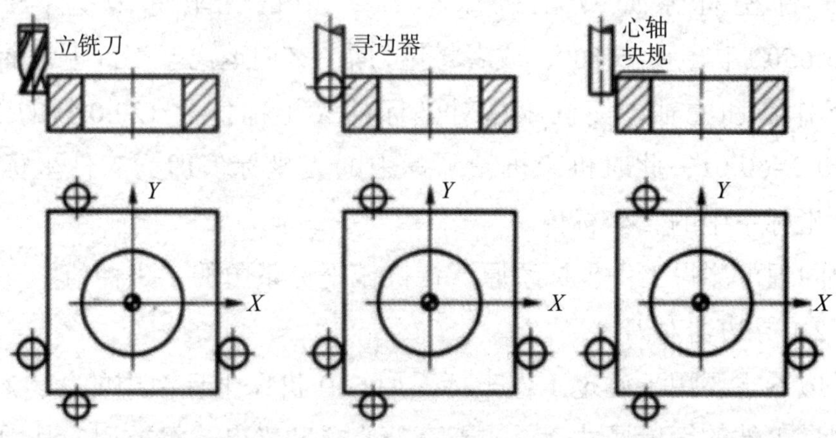

图 7-2　工件坐标系原点（对刀点）为两条相互垂直直线交点时的对刀方法

（1）试切对刀。

试切对刀操作步骤如下。

①开机回参考零点后，将工件通过夹具装在机床工作台上。装夹时，工件的 4 个侧面都应留出对刀位置。

②将所用铣刀装入机床主轴，通过 MDI 方式使主轴中速正转。

③快速移动工作台和主轴，让刀具靠近工件的左侧。

④改用手轮操作，让刀具慢慢接触到工件左侧，直到铣刀周刃轻微接触到工件左侧表面，即听到刀刃与工件的摩擦声但没有切屑。

⑤将机床相对坐标 *X*、*Y*、*Z* 置零或记录下此时机床机械坐标中的 *X* 坐标值，如 –335.670，

⑥将铣刀沿 +*Z* 向退离至工件上表面之上，快速移动工作台和主轴，让刀具靠近工件右侧（最好保持 *Y*、*Z* 坐标与上次试切一样，即 *Y*、*Z* 相对坐标为零）。

⑦改用手轮操作，让刀具慢慢接触到工件右侧，直到铣刀周力轻微接触到工件右侧表面，即听到刀刃与工件的摩擦声但没有切屑。

⑧记录下此时机床相对坐标的 *X* 坐标值，如 120.020，或者机床机械坐标中的 *X* 坐标值，如 –215.650。

⑨根据前面记录的机床机械坐标中的 *X* 坐标值 –335.670 和 –26650，可得工件坐标系原点在机床坐标系中的 *X* 坐标值为 [–335.670+（–215.650）]/2=–275.660；或者将铣刀沿 +*Z* 向退离至工件上表面之上，移动工作台和主轴，使机床相对坐标的 *X* 坐标值为 120.020 的 1/2，即 120.020/2=60.01，此时机床机械坐标中的 *X* 坐标值即为工件坐标系原点在机床坐标系中的 *X* 坐标值。

⑩同理可测得工件坐标系原点在机械坐标系中的 *Y* 坐标值。

（2）寻边器对刀。

寻边器主要用于确定工件坐标系原点在机床坐标系中的 *X*、*Y* 值，也可以测量工件的简单尺寸。寻边器有偏心式和光电式等类型，其中以光电式较为常用。光电式寻边器的测头一般为 10 mm 的钢球，用弹簧拉紧在光电式寻边器的测杆上，碰到工件时可以退让，并将电路导通，发出光信号。

寻边器对刀的操作步骤与试切对刀的操作步骤相似，只要将刀具换成寻边器即可。但要注意，使用光电式寻边器时，主轴可以不旋转，若旋转，转速应为低速（可取 50~100 r/min）；使用偏心式寻边器，主轴必须旋转，且主轴旋转不宜过高（可取 300~400 r/min）。当寻边器与工件侧面的距离较小时，手摇脉冲发生器的倍率旋钮应选择 ×10 或 ×1，且逐个脉冲地移动，当指示灯亮时，应停止移动。在退出时，应注意其移动方向，如果移动方向错误，会损坏寻边器，导致寻边器歪斜而无法继续使用。一般可以先沿 +*Z* 移动退离工件，然后再做 *X*、*Y* 方向的移动。

（3）心轴对刀。

心轴对刀的操作步骤与试切对刀的操作步骤相似，只要将刀具换成心轴即可。但要注意，对刀时主轴不旋转，必须配合块规或塞尺完成。当心轴与工件侧面的距离与块规或塞尺尺寸接近时，在心轴与工件侧面间放入块规或塞尺，在移动工作台和主轴的同时，来回移动块规或塞尺，当心轴与块规或塞尺接触时，应停止移动。

2）工件坐标系原点（对刀点）为圆孔（或圆柱）时的对刀。

工件坐标系原点（对刀点）为圆孔（或圆柱）时的对刀方法如图 7-3 所示。

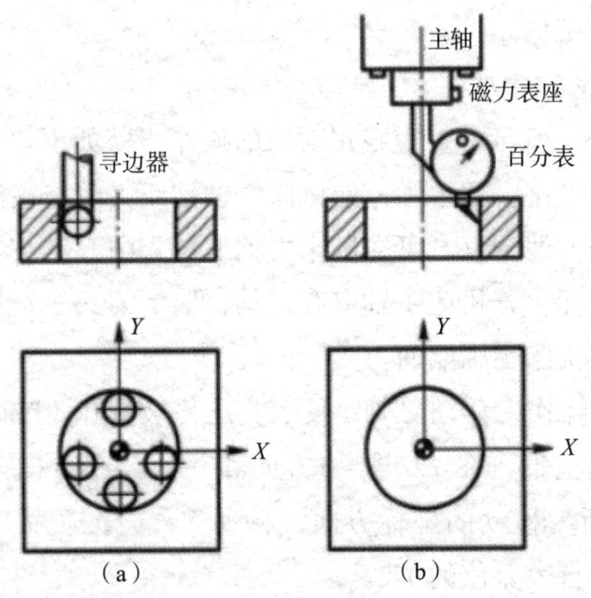

图 7–3　工件坐标系原点（对刀点）为圆孔（或圆柱）时的对刀方法

（a）寻边器对刀；（b）打表找正对刀

（1）寻边器对刀。

如图 7-3（a）所示，寻边器对刀的操作步骤如下。

①将所用寻边器装入机床主轴。

②依 X、Y、Z 轴的顺序快速移动工作台和主轴，将寻边器测头靠近被测孔，其大致位置在孔的中心上方。

③改用手轮操作，让寻边器下降至测头球心超过被测孔上表面的位置。

④沿 $+X$ 方向缓慢移动测头，直到测头接触到孔壁，指示灯亮，反向移动至指示灯灭。

⑤使用手摇脉冲发生器的倍率旋钮，逐级降低手轮倍率，移动测头至指示灯亮，再反向移动至指示灯灭，最后使指示灯稳定发亮。

⑥将机床相对坐标 X 置零。

⑦使用手轮操作将测头沿 $-X$ 方向移向另一侧孔壁，直到测头接触到孔壁，指示灯亮，反向移动至指示灯灭。

⑧重复步骤⑤的操作，记录下此时机床相对坐标的 X 坐标值。

⑨将测头沿 $+X$ 向移动至前一步记录的 X 相对坐标值的 1/2，此时机床机械坐标中的 X 坐标值即为被测孔中心在机床坐标系中的 X 坐标值。

⑩沿 Y 方向，重复步骤④至步骤⑨的操作，可测得被测孔中心在机床坐标系中的 Y 坐标值。

（2）打表找正对刀。

如图 7-3（b）所示，打表找正对刀的操作步骤如下。

①快速移动工作台和主轴，使机床主轴轴线大致与被测孔（或圆柱）的轴线重合（为方便调整，可在机床主轴上装入中心钻）。

②调整 Z 坐标（若机床主轴上有刀具，取下刀具），用磁力表座将杠杆百分表吸附在机床主轴端面。

③改用手轮操作，移动 Z 轴，使表头压住被测孔（或圆柱）壁。

④手动转动主轴，在 $+X$ 与 $-X$ 方向和 $+Y$ 与 $-Y$ 方向，分别读出表的差值，同时判断需移动的坐标方向，移动 X、Y 坐标为 $+X$ 与 $-X$ 方向和 $+Y$ 与 $-Y$ 方向各自表差值的 1/2。

⑤通过手摇脉冲发生器的倍率旋钮，逐级降低手轮倍率，重复步骤④

的操作，使表头旋转一周时，其指针的跳动量在允许的对刀误差内。

⑥此时机床机械坐标中的 X、Y 坐标值即为被测孔（圆柱）中心在机床坐标系中的 X、Y 坐标值。

2.Z 向对刀实训

1）工件坐标系原点 Z 的设定方法。

工件坐标系原点 Z 的设定一般采用以下两种方法。

（1）工件坐标系原点 Z 设定在工件与机床 XY 平面平行的平面上。采用此方法，必须选择一把刀具为基准刀具（通常选择加工 Z 轴方向尺寸要求比较高的刀具为基准刀具），基准刀具测量的工件坐标系原点 Z_0 值输入到 G54 中的 Z 坐标，其他刀具根据与基准刀具的长度差值，通过刀具长度补偿的方法来设定编程时的工件坐标系原点 Z_0，该长度补偿的方法一般称为相对长度补偿。

（2）工件坐标系原点 Z 设定在机床坐标系的 Z_0 处（设置 G54 等时，Z 后面为 0）。此方法没有基准刀具，每把刀具通过刀具长度补偿的方法来设定编程时的工件坐标系原点 Z_0，该长度补偿的方法一般称为绝对长度补偿。

Z 向对刀时，通常使用 Z 轴设定器对刀、试切对刀和机外对刀仪对刀等。

2）Z 轴设定器对刀。

Z 轴设定器主要用于确定工件坐标系原点在机床坐标系的 Z 轴坐标，或者说确定刀具在机床坐标系中的高度。

Z 轴设定器有光电式和指针式等类型，通过光电指示或指针判断刀具与对刀器是否接触，对刀精度一般可达 0.005 mm。Z 轴设定器带有磁性表座，可以牢固地附着在工件或夹具上，其高度一般为 50 mm 或 100 mm。

Z 轴设定器对刀如图 7-4 所示，其详细步骤如下。

（1）将所用刀具 T1 装入主轴。

（2）将 Z 轴设定器放置在工件编程的 Z_0 平面上。

（3）快速移动主轴，让刀具端面靠近 Z 轴设定器上表面。

（4）改用手动操作，让刀具端面慢慢接触到 Z 轴设定器上表面，使指针指到调整好的“0”位。

（5）记录此时机床坐标系中的 Z 值，如 −175.120。

（6）卸下刀具 T1，记录机床坐标系中的 Z 值，如 −159.377。

（7）卸下刀具 T2，记录机床坐标系中的 Z 值，如 −210.407。

（8）工件坐标系原点 Z 坐标值的计算见表 7-2（T1 为基准刀具，且长度补偿使用 G43）。

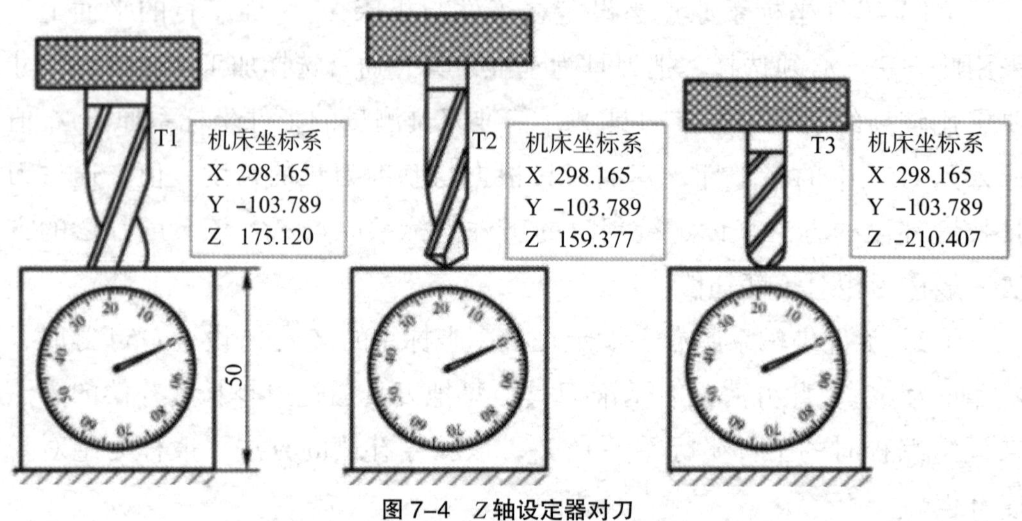

图 7–4 Z 轴设定器对刀

表 7–2 工件坐标系原点 Z 的计算

Z_0 设定方法	G54 的值	T1 长度补偿量	T2 长度补偿量	T3 长度补偿量
相对长度补偿	−175.120−50=−225.120	0	−159.376−（−175.120）=15.743	−210.406−（−175.120）=−35.387
绝对长度补偿	0	−175.120−50=−225.120	−159.376−50=−209.377	−210.406−50=−260.407

3）试切对刀。

试切对刀的操作步骤与 Z 轴设定器对刀的操作步骤相似，只是用刀具直接试切工件编程的 Z_0 平面即可。

4）机外对刀仪对刀。

对刀仪的基本结构如图 7-5 所示。对刀仪平台上装有刀柄夹持轴，用于安装被测刀具。通过快速移动单键按钮和微调旋钮，可以调整刀柄夹持轴在对刀仪平台上的位置。当光源发射器发光时，将刀具刀刃放大投影到显示屏幕上时，即可测得刀具在 X（径向尺寸）、Z（刀柄基准面到刀尖的长度）方向的尺寸。

使用对刀仪对刀时，可以测量刀具的半径值与刀具长度补偿量。当测量刀具长度补偿量时，一般需要在机床上通过 Z 轴设定器对刀方法或试切对刀方法来设定基准刀具的长度量。为了方便说明，现仍使用 Z 轴设定器对刀时 T1 刀具的对刀值，且 Tl 为基准刀具。其操作过程如下所述。

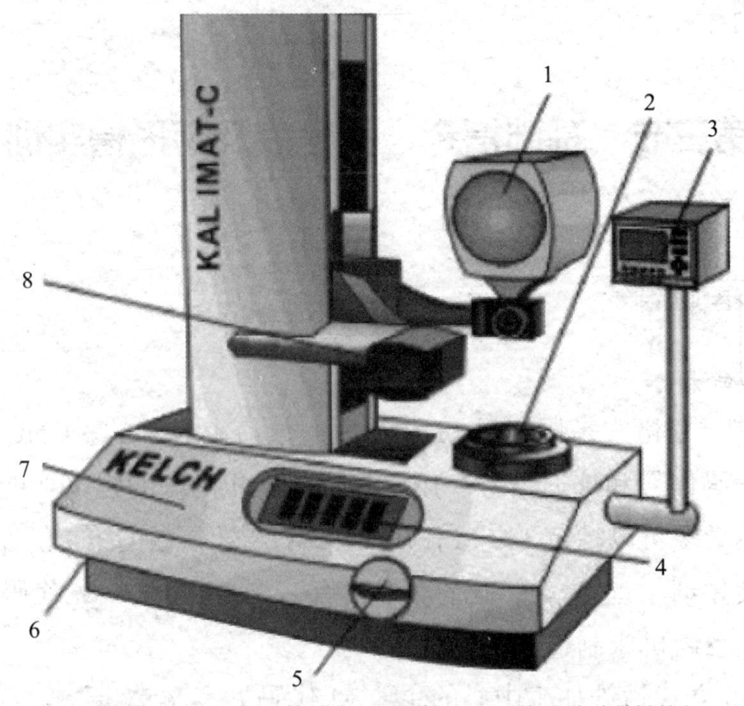

1—显示屏幕；2—刀柄夹持轴；3—操作屏；4—快速移动单键按钮；
5、6—微调旋钮；7—对刀仪平台；8—光源发射器。

图 7–5　对刀仪的基本结构

（1）将刀具 T1 的刀柄插入对刀仪上的刀柄夹持轴，并紧固。

（2）打开光源发射器，观察刀刃在显示屏幕上的投影。

（3）通过快速移动单键按钮和微调旋钮，可以调整刀刃在显示屏幕上的投影位置，使刀具的刀尖对准显示屏幕上的十字线中心的水平线。

（4）当使用相对长度补偿时，通过操作屏将轴向尺寸修改为 0，当使用绝对长度补偿时，通过操作屏将轴向尺寸修改为 –225.120。

（5）取出刀具 Tl，将刀具 T2 的刀柄插入对刀仪工的刀柄夹持轴，同第 3 步操作，此时在操作屏上显示的轴向尺寸即为该刀具的长度补偿量。

（6）同步骤（5），可测量其他刀具的长度补偿量。

在对刀操作过程中需注意以下问题。

①根据加工要求采用正确的对刀工具，控制对刀误差；

②在对刀过程中，可以通过改变微调进给量提高对刀精度；

③对刀时需小心谨慎操作，尤其要注意移动方向，避免发生碰撞；

④对刀数据一定要存入与程序对应的存储地址，防止因调用错误而产生严重后果。

第三节　基础指令、子程序及矩形槽实训

一、基础指令

1.M 功能指令

M 功能指令格式是用字母 M 及其后的数值来表示的。CNC 处理时向机床送出代码信号和选通信号，用于接通 / 断开机床的强电功能，一个程序段中虽然最多可以指定 3 个 M 代码（当 34OA 号参数的第 7 位设为 1 时），但在实际使用时，通常一个程序段中只有一个 M 代码。M 代码与功能之间的对应关系由机床制造商决定。

TH5650 立式镗铣加工中心的主要 M 代码见表 7-3。

表 7-3　TH5650 立式镗铣加工中心的主要 M 代码

代码	功能	代码	功能
M00	程序停止	M04	主轴逆时针方向（反转）
M01	计划停止	M05	主轴停止
M02	主程序结束	M06	换刀
M03	主轴顺时针方向（正转）	M07	2 号冷却液开
M08	1 号冷却液开	M30	主程序结束
M09	冷却液关	M98	调用子程序
M19	主轴准停	M99	子程序结束

2. 平面选择指令 G17、G18、G19

平面选择指令 G17、G18、G19 用于指定程序段中刀具的插补平面和刀具半径补偿平面。G17 用于选择 *XY* 平面；G18 用于选择 ZX 平面；

G19 用于选择 *YZ* 平面。系统开机后默认 G17 指令生效。

3. 英制和公制输入指令 G20、G21

G20 表示英制输入，G21 表示公制输入，机床一般设定为 G21 状态。G20 和 G21 是两个可以互相代替的代码。使用时，根据零件图纸尺寸标注的单位，可以在程序开始使用指令设定后面程序段坐标地址符后数据的单位。当电源开时，CNC 的状态与电源关前一样。

4. 绝对值、增量值编程指令 G90、G91

G90 表示绝对值编程，此时刀具运动的位置坐标是从工件原点算起的。G91 表示增量值编程，此时编程的坐标值表示刀具从所在点出发所移动的数值，正、负号表示从所在点移动的方向。

5. 进给速度单位设定指令 G94、G95

G94 表示进给速度，单位是 mm/min（或 in/min）。G95 表示进给量，单位是 mm/r（或 in/r）。两者都是模态指令。对于加工中心机床，开机后默认 G94 指令生效。

进给速度、进给量用地址符 F 加上数字表示。当 G94 指令有效时，程序中出现 F100 表示进给速度为 100 mm/min；当 G95 指令有效时，程序中出现 F1.5 表示进给量为 1.5 mm/r。

6. 主轴转速

主轴转速用地址符 S 加上数字表示，如主轴转速为 1000 r/min，则可写为 S1000。编程时一般可与 M03 或 M04 配对使用。

7. 快速定位指令 G00

G00 指令为快速定位指令，使刀具以数控系统预先设定的最大进给速度快速移动到程序段所指定的下一个定位点。在准备功能中，G00 是最基本、最常用的指令之一。正确使用该指令是评定编制程序好坏的标准之一。

指令格式如下：

G00 X_Y_Z_;

其中，（X，Y，Z）为目标点坐标。

不运动的坐标可以省略，省略的坐标轴不做任何运动。若给出两个或三个坐标时，该指令控制坐标轴先以 1 ∶ 1 的位移长度联动运行，然后再以某坐标轴方向未完成的要求位移值运行。

目标点的坐标值可以用绝对值，也可以用增量值。G00 功能起作用时，其移动速度为系统设定的最高速度，可以通过快速运动倍率按钮来调节。

8. **直线插补指令** G01

G01 指令为直线插补指令，可以使刀具以程序段所指定的进给速度移动到指定的坐标点。

指令格式如下：

G01 X_Y_Z_F_;

其中，（X，Y，Z）为目标点坐标；F为进给速度。

9. **切削进给速度控制指令** G09、G61、G62、G63 **和** G64

切削进给速度的控制见表 7-4。

表 7–4　切削进给速度控制

G 代码	功能名	G 代码的有效性	说明
G09	准确停止	该功能只对指定的程序段有效	刀具在程序段的终点减速，执行到位检查，然后执行下一个程序段
G61	停止方式	一旦指定，直到指定 G62、G63 或 G64 前，该功能一直有效	刀具在程序段的终点减速，执行到位检查，然后执行下一个程序段
G64	切削方式	一旦指定，直到指定 G61、G62 或 G63 前，该功能一直有效	刀具在程序段的终点不减速，而执行下一个程序段
G63	攻丝方式	一旦指定，直到指定 G61、G62 或 G64 前，该功能一直有效	刀具在程序段的终点不减速，而执行下一个程序段。当指定 G63 时，进给速度倍率和进给暂停均无效
G62	内拐角自动倍率	一旦指定，直到指定 G61、G63 或 G64 前，该功能一直有效	在刀具半径补偿期间，当刀具沿着内拐角移动时，对切削进给速度指定倍率可以减小单位时间内的切削量，因此可以加工出更高精度的表面

10. **暂停指令** G04

G04 指令可使刀具暂时停止进给，经过指定的暂停时间，再继续执行下一个程序段。另外，在切削方式（G64 方式）中，为了进行准确停止检查，可以指定停刀。当 P 或 X 都不指定时，执行准确停止。

指令格式如下：

G04 X_；或 G04 P_；

字符 X 或 P 用于表示不同的暂停时间表达方式。其中，字符 X 后可以是带小数点的数值，单位为 s；字符 P 后不允许用小数点输入，只能用整数，单位为 ms。

11. 自动返回参考点 G28

指令格式如下：

G28 X_Y_Z_;

其中，（X，Y，Z）为指定的中间点位置。

执行 G28 指令时，各轴先以 G00 的速度快速移动到程序指令的中间点位置，然后自动返回参考点。在使用中，经常将 XY 和 Z 参数分开来用。先用 G28 Z_ 提刀并回 Z 轴参考点位置，然后再用 G28 X_Y_ 回到 *X*、*Y* 方向的参考点。在 G90 指令有效时，指定在工件坐标系中的坐标；在 C91 指令有效时，指定相对于起点的位移量。执行 G28 指令前，要求机床在通电后必须(手动)返回过一次参考点。为了安全，在执行该指令前，应该清除刀具半径补偿和刀具长度补偿。中间点的坐标值存储在 CNC 中。G28 为非模态指令。

12. 自动从参考点返回 G29

指令格式如下：

G29 X_Y_Z_;

其中，（X，Y，Z）为指定从参考点返回的目标点位置。

在一般情况下，在执行 G28 指令后，应立即执行从参考点返网指令。各轴先以 G00 指令指定的速度快速移动到 G28 指令指定的中间点位置，然后运动到 G29 指令指定的目标点位置。在增量值编程中，指令值指定离开中间点的增量值。当用 G28 指令使得刀具经中间点到达参考点后，工件坐标系改变时，中间点的坐标值也变为新坐标系中的坐标值。此时若执行 G29 指令，则刀具经新坐标系的中间点移动到指令位置。G29 为非模态指令。

二、子程序 M98、M99

M98 指令用于调用子程序，格式如下：

M98 P×××（重复调用次数）××××（子程序号）；

M99 指令出现在子程序的结尾，用作子程序结束标志，子程序格式如下：

O××××（子程序号）；

…

M99；

字符 P 后的子程序被重复调用的次数，最多为 999 次，当不指定重复次数时，子程序只调用一次。M99 指令为子程序结束标志，并返回主程序。被调用的子程序也可以调用另一个子程序。当主程序调用子程序时，它被认为是一级子程序。在 M98 程序段中，不得有其他指令出现。

三、矩形槽实训

如图 7-7 所示，已知毛坯尺寸为 150 mm × 120 mm × 32 mm，材料为 45# 钢，要求编制数控加工程序并完成零件的加工。

1. 加工方案的确定

根据毛坯的尺寸，上表面有 2 mm 裕量，粗糙度要求 Ra=1.6，选择粗铣→精铣加工，精铣裕量为 0.5 mm。矩形槽宽度为 12 mm，加工时选用 ϕ12 mm 的立铣刀，按刀具中心线编程，由刀具保证槽宽。

2. 编程零点及装夹方案的确定

编程零点如图 7-6 所示。装夹方案采用平口钳进行装夹，以底面及尺寸 150 mm 对应的一个侧面定位，此时固定钳口要保证与机床 X 轴平行。

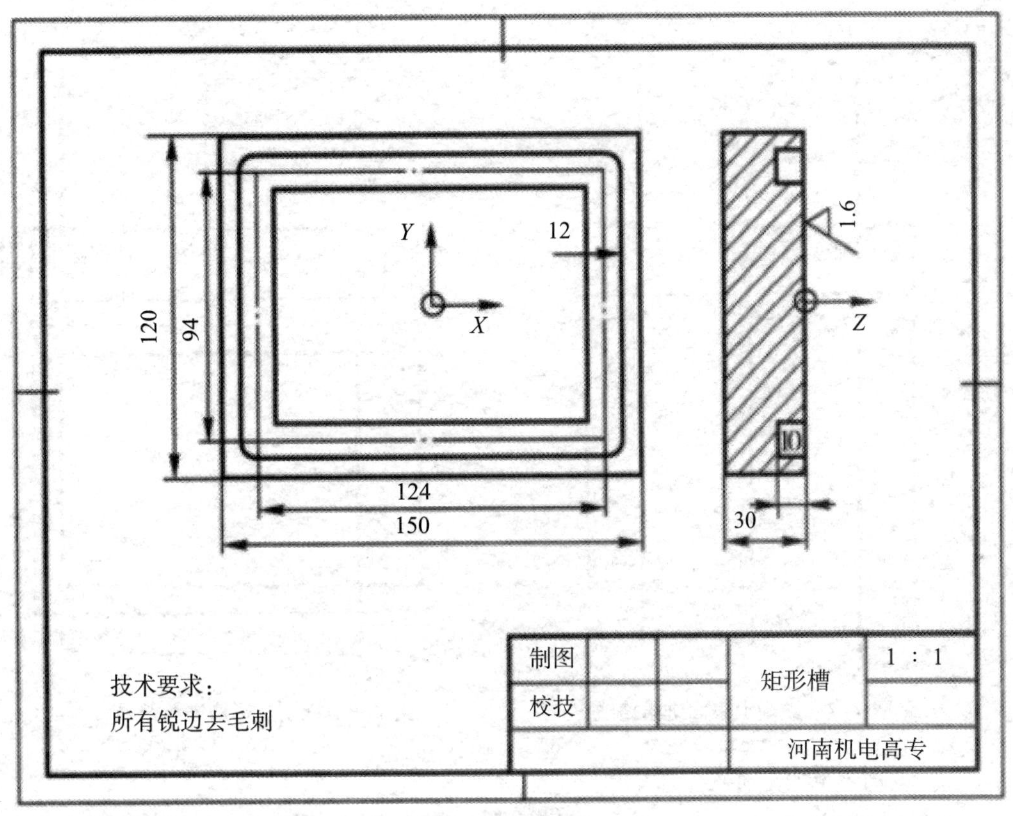

图 7–6　矩形槽实训

3. **加工刀具的选择**

上表面铣削选用某公司高速八角面铣刀，规格为 SKM-63，刃数为 5，选配刀片规格为 ODMT040408EN-41，该刀片底材为超硬合金，表面有 TiAIN 镀层，可在干式切削场合使用；矩形槽铣削选用 ϕ12 mm 高速钢立铣刀。

4. **进给路线的确定**

上表面与矩形槽的铣削在深度上都需要分层加工，每层进给路线可以一样，此时可以通过子程序编程来简化程序。铣削上表面进给路线如图 7-7 所示，铣削矩形槽进给路线如图 7-8 所示。由于立铣刀不能直接沿 $-Z$ 方向切削，因此在铣削矩形槽时选用了斜线下刀切入方式。

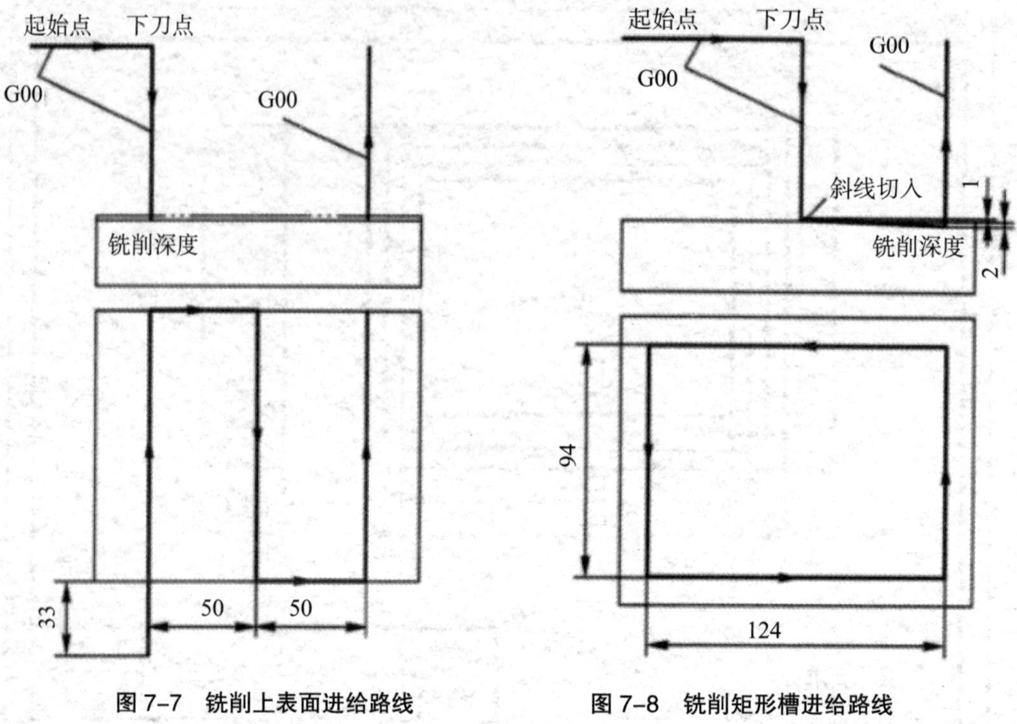

图 7–7 铣削上表面进给路线　　图 7–8 铣削矩形槽进给路线

5. *切削参数的确定*

查刀具样本可知，用铣刀刀片加工合金钢时，推荐切削速度 v_e=150~300 m/min，每刃进给 f_z=0.08~0.35 mm/r，切深 a_p=l~2 mm。高速钢立铣刀推荐切削速度 v_e=12~36 m/min，每刃进给 f_z=0.l~0.15 mm/r。

对于切削参数的确定，在刚使用时可以按照推荐范围的中间值选取，加工时通过数控机床手动操作面板上的主轴和进给倍率开关调整。

接下来选取切削速度和进给量，面铣粗加工切削速度 v_e=150 m/min，每刃进给 f_z=0.2 mm/r，切深 a_p=1.5 mm；精加工切削速度 v_e=200 m/min，每刃进给 f_z=0.15 mm/r，切深 a_p=0.5 mm；立铣刀切削速度 v_e=20 m/min. 每刃进给 f_z=0.1 mm/r，切深 a_p=2 mm，然后算出主轴转速和进给速度。矩形槽数控加工工序号见表 7-5。

表 7–5 矩形槽数控加工工序卡

工序号		程序编号		夹具名称	使用设备	车间	
		00010~0013		平口钳	XH5650		
工步号	工步内容	刀具号	刀具规格	主轴转速 /(r / min)	进给速度 /(mm/min)	背吃刀量 / mm	备注
1	粗铣上表面	T01	ϕ63	700	700	1.5	
2	精铣上表面	T01	ϕ63	1000	750	0.5	
3	铣矩形槽	T02	ϕ12	500	150	2	

参考文献

[1] 何宇 . 产教融合背景下数控专业实训教学研究 [J]. 中国科技期刊数据库 科研，2022(5):4.

[2] 倪磊 . 项目教学法在中职“数控加工实训”教学中的应用 [J]. 装备制造技术，2022(4):218-221.

[3] 王科 . 中职数控实训教学质量提升策略研究 [J]. 农机使用与维修，2022(3):155-157.

[4] 高中超 . 技工院校数控车床编程与加工实训教学的改革探索 [J]. 中文科技期刊数据库 (全文版) 教育科学，2022(3):4.

[5] 张帅 , 丁艳 .“赛教融合”背景下高职院校“数控电加工”课程理实一体化教改路径 [J]. 南方农机，2022，53(13):3.

[6] 廖璇 . 项目教学法在中职数控加工实训教学中的应用研究 [J]. 中国设备工程，2022(2):11-12.

[7] 白云 . 多元化评价在中职学校数控车实训课程教学中的应用 [J]. 职业，2022(15):57-59.

[8] 朱学伟 , 朱华炳 , 张文祥 . 项目实战训练法在数控实训教学中的应用探究 [J]. 职业，2022(7):4.

[9] 徐邱林 . 体验式教学模式在中职数控专业实训教学中的应用 [J]. 学园，2022，15(31):3.

[10] 蒙建诚 . 高职院校数控加工实训人才培养模式探析 [J]. 移动信息，2023，45(3):3.

[11] 高娟 . 数控加工实训“五位一体”教学模式分析 [J]. 中国科技期刊数据库 科研，2022(6):4.

[12] 陈晨 . 项目教学法在中职数控加工实训教学中的应用分析 [J]. 时代汽车，2022(11):2.

[13] 詹华西 . 基于行动导向学习的在线课程开发与实践——以综合数控工艺应用课程为例 [J]. 武汉职业技术学院学报，2022，21(4):64-70.

[14] 陈博，田斐，张立昌，等 . 基于 OBE 理念的数控铣削实训教学设计 [J]. 模具技术，2022(2):6.

[15] 宋周枫 . 职业院校数控加工实训教学的现状及革新建议研究 [J]. 时代汽车，2022(7):2.

[16] 华祖荣，徐炜 . 数控综合加工课程开发背景下“三段六步八评”教学方式的实践研究 [J]. 职业，2022(20):73-75.

[17] 周华 . 智慧课堂在数控车实训教学中的应用研究 [J]. 农机使用与维修，2022(2):146-148.

[18] 王琛 . 数控铣工实训教学质量提升路径探索 [J]. 现代农机，2022(2):82-83.

[19] 卜寿一，吴明明，周逸群，等 . 数控仿真软件在高校“数控实训”课程中的应用 [J]. 南方农机，2022，53(22):181-184.

[20] 魏海涛 . 仿真软件在中职数控实训教学中的应用探究 [J]. 职业，2022(5):3.

[21] 陈其梅 . 中职数控实训一体化教学模式策略研究 [J]. 南北桥，2022(002):000.

[22] 吴修娟，何延辉，缪辉，等 . 数控加工综合实训实践教学改革探索与实践 [J]. 创新创业理论研究与实践，2022(23):4.

[23] 庄志鑫 . 工业机器人上料工艺与数控车床制造技术的综合应用 [J]. 南方农机，2023，54(7):3.

[24] 刘永刚 . 基于数字孪生的开放教育远程实训教学应用研究——以“智能制造数控机床加工”为例 [J]. 南方农机，2023，54(5):4.

[25] 杨寒，胡光忠，曹照洁 .“赛教融通”视域下中职数控专业“三教”改革基本逻辑及策略 [J]. 宁波职业技术学院学报，2023，27(3):5.

[26] 王修亮，杨涛 . 新时期背景下高职数控实训教学中工匠精神融入路径研究 [J]. 湖北开放职业学院学报，2023，36(6):3.

[27] 雒钰花 .《数控铣床实训》课程开展思政育人的实效途径研究 [J]. 模具制造，2023，23(1):4.